いま、「宇宙ビジネス」は
新たな局面を迎えています。

ロケットは、人工衛星や探査機を宇宙に運ぶための唯一の輸送手段です。
（撮影：井上榛香）

政府主導の宇宙開発から、民間主体の「宇宙ビジネス」へ。
市場規模は、2023年時点の6300億ドルから
2035年には1兆8000億ドルまで成長する予想。

PRADAとAxiom Spaceが共同開発する新しい船外宇宙服。

ソニーが開発した人工衛星「EYE」。企業や研究者といった限られた人だけでなく、老若男女問わず一般の方にも地球を撮影する機会を感動体験として提供していました。

2025年2月1日に種子島からH3ロケットで打ち上げ予定の準天頂衛星「みちびき6号機」、国内で利用する位置情報の精度がさらに良くなることに期待大。

2024年7月1日に種子島からH3ロケットで打上げられた地球観測衛星「ALOS-4（だいち4号）」、災害時の地上の状態把握や平常時のインフラ監視で活躍が期待されています。

宇宙なんて自分には関係ない。 そんな風に思っていませんか？
しかし実は、宇宙技術は、こんなにも幅広い分野で利用されているのです。

資産調査
土地の肥沃度や石油残量を予測することで、ファイナンスの審査用のデータとして利用する。

宇宙太陽光発電
雲に邪魔されることのない宇宙空間で太陽の光を受け、発電したエネルギーを地球に伝送する。

バイオテクノロジー
地球上では実現できない環境を提供する。またその環境を使って新たな薬や技術を開発する。

宇宙葬
故人の遺灰の一部をロケットで打ち上げ、宇宙空間や月面に送る。

人工衛星キット
簡易に人工衛星を制作し、宇宙の利活用ができる機会を提供する。

エンターテイメント
人工流れ星や宇宙遊泳模擬体験など、宇宙空間の特性を活かした体験を提供する。

IoT活用
衛星通信を利用した IoT ネットワークを提供する。

移動通信
走行中の車や飛行機など、移動中にも大容量の通信サービスを提供する。

船舶監視
船舶や航空機から発信される電波を観測して、位置監視を行う。

出典：宙畑 owned by Tellus

Space Utilization Map　宇宙利用マップ

自動走行
機械の位置を監視し、農機、建機などの自動走行を支援する。

航海支援
船舶などの様子を監視し、効率的な航行を支援する。

ナビゲーション
スマートフォンアプリやカーナビなど、位置情報を元にしたサービスを提供する。

郵便
住所がなくても、位置情報を把握することで荷物を届けることができる。

宅配
配達の状況をリアルタイムで把握したり、希望の位置に荷物を運ぶことができる。

マーケティング
実店舗の近くを通る際にクーポンや通知を配信することができる。

物流・運行効率化
乗り物の位置を把握して、利用者への配車・運行・物流の効率化を図る。

ゲーム
ポケモン GO やイングレスなど、位置情報ゲームに利用する。

圏外での位置情報
山岳地帯など電波が届かない場所でも自分の位置を把握することができる。

解析結果提供
取得したデータを解析して、様々なドメインの企業に提供する。

森林監視・管理
森林の温度や地形を把握することで、火災の監視や違法伐採の監視、積林地選定に活かす。

農作物の生育予測
農作物の生育状況を把握し、営農計画を効率的に行う。

魚群探査、養殖監視
海水温やプランクトンの発生を監視し、魚群の位置や養殖の様子を予測・把握する。

インフラ監視
土木建築の劣化や漏水検知など、インフラの状態を監視する。

保険
保険額の支払いに活かす。例えば、気候予測から影響の大きい農地に対し条件に横して保険額を決定する。

防災・防衛
観測データから地上の様子を把握し、防災・防衛に役立てる。

株価予測
人工衛星で観測できる光量などの情報から企業の売上状況の予測に活かす。

建設・不動産
建設予定地や空き家の状況をいち早く把握して見立てに活かす。

物流
船舶や運行ルート計画に活かす。

紫外線・大気汚染情報
紫外線の強さ・大気汚染情報を伝える。

資産調査
土地の肥沃度や石油残量を予測することで、ファイナンスの審査用のデータとして利用する。

地形把握
地形を把握し、正確な地図の作成や植生の分布のモニタリングなどをする。

疫病監視
地上データと組み合わせて、蚊の発生箇所を予測して疫病の感染を監視する。

天気予報
雲の動きや降水量、地形情報などから天気予報、大雨被害予測などに活かす。

あんなところや、こんなところにも……。
意外なところで、宇宙技術が使われています。

衛星データを活用して漁場を推定して海釣りするという企画で大漁だった日の1枚。

広い草原に放牧している牛の位置情報を把握する取り組みも。草原の草の減り具合も宇宙から把握して、放牧地の移動タイミングの見極めにも利用されています。（撮影：藤村駿介）

衛星データをもとにした地球上の全ての陸地の起伏を表現したデジタル3D地図「AW3D」。（includes © Maxar Intelligence Inc., NTT DATA Japan Corporation）

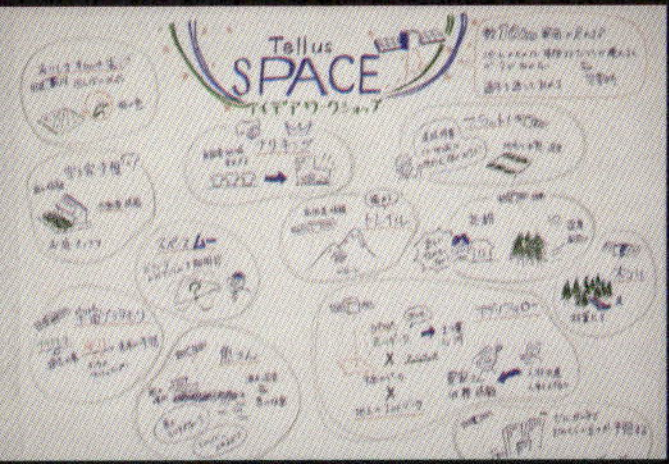

衛星データ利用についてのワークショップでは、様々な分野のアイディアが集まりました。

2016年に博多駅前通りで発生した、幅30メートル、深さ15メートルの穴が出現した事故の現場。事故事件後に衛星データで現場を解析すると事故の予兆と考えられる地面の動きが分かっていたそうです。

飛行機でインターネットが利用できるのも、実は人工衛星の仕事。

身近にある様々な食べ物が宇宙に配備された人工衛星が観測したデータ（衛星データ）をもとに育てられているかもしれません。（撮影：溝口智彦）

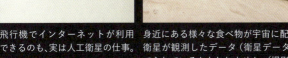

序章

宇宙ビジネスに莫大なお金を投資する価値はあるのか

Chapter 0 :

Is Investing Huge Money in Space Business Worth It?

宇宙ビジネスと聞いて、自分の仕事や自分の生活に関係があると思われる方はどのくらいいらっしゃるでしょうか？　もしかしたら、とんでもない理系の天才が熱狂的に進めている、一部の限られた人にしか関係のないものと思われる方もいらっしゃるかもしれません。

私は現在「宙畑《そらばたけ》」という宇宙ビジネスメディアの編集長として、宇宙ビジネスに関する様々な情報を世の中に発信する仕事をしていますが、もしも高校生の時に今の仕事をしたいと両親に伝えていたら、反対はされずとも「誰のための仕事なのか、本当にお給料は出る仕事なのか？」と心配はされたように思います。

しかし、今回、本書のタイトルにもなっている宇宙ビジネスは、今を生きるほぼすべての人の生活や仕事に関係するビジネスだと私は考えています。

例えば、身近な事例を挙げると、カゴメのケチャップ用トマトや山口県の給食のパン用小麦は、ご高齢の農家の方が宇宙の技術を使いながら育てられています。また、カップヌードルを販売する日清食品ＨＤも、宇宙の技術を使って、原材料の調達の管理を行っています。

宇宙を活用した技術は今を生きるほぼすべての人にとって無くてはならないものになりつつあるのですが、日本では当たり前のように水があり、交通機関が時間通りに動いているように、そのことに気づくきっかけは非常に少ないように思います。

では、日本の政策として２０２４年から10年で１兆円という過去に類を見ない大規模な予算が、「宇宙戦略基金」と銘打たれ、宇宙開発にお金が流れていることをご存じでしょうか。

この予算以外にも宇宙開発には各国が毎年大きな予算を確保しており、増額傾向です。例えば、各国の宇宙開発に関連する予算を合計すると年間で約１０００億ドル（約15兆円／１ドル１５５円として算出）とも言われており、そのうちの約３５０億ドルがアメリカです。ちなみに、日本における２０２３年度の宇宙関連予算は約６０００億円で、今後は年間１兆円の予算を目指すという提言が自民党から政府に出されています。

もちろん、各国の宇宙開発のために使われる大規模な予算の出どころはすべて国民が国に納める税金です。では、私たちにとって宇宙開発はこれほどまでのお金をかける価値があるものなのでしょうか？

私が2024年5月に1000人にアンケートをとった「政府による宇宙技術の開発支援」に対する賛否の結果では7割の方が賛成と回答していましたが、3割の方は否定的。否定的だった方のコメントをいくつか紹介すると「人生において必要のない人もいるビジネスなので、そこにお金を大量に投資すべきではない」「自分の生活に益を感じることが無さそうなので」といったコメントがありました。

日本には、少子高齢化、食料安全保障、国際的な紛争、大気汚染や水質汚染といった環境問題、それらに伴う物価の高騰など、様々な課題があり、私たちの生活が徐々に脅かされていると実感している方も多いでしょう。

私自身、もともとは「宇宙開発と言えばロケット？　星の研究？」くらいの認識で、宇宙ビジネスについて何も知らないままであればこれほど大規模な日本の政策には否定的だったかもしれません。

ただ、宇宙ビジネスについて約10年間学びながら発信することで、私たちの暮らしとの関わりや先に挙げた社会課題の解決策を宇宙ビジネスが持っていること、宇宙ビジネスに携わる方がどのような思いを持って気の遠くなるような時間をかけて最先端の技術開発を進めているかを知り、日本において宇宙ビジネスはとても重要な産業であると確信しています。

本書ではできる限りわかりやすく宇宙ビジネスの実態と私たちの生活との関わりを紹介しています。ぜひ宇宙ビジネスに莫大な予算をかける価値があるのかという問いを頭の片隅に置きながら読んでみてください。

本書では大きく4つに分けて宇宙ビジネスの紹介をしています。

第1章から第4章までは今の宇宙ビジネスの実態と私たちの生活との関わりをまとめました。宇宙ビジネスと聞くとロケットで「人が宇宙に出ていく」というイメージを持たれる方が多いかもしれませんが、ロケットが宇宙に運ぶ積み荷のほとんどは「(私たちの生活を支える)人工衛星」です。各章では人工衛星がどのようなサービスを私たちに提供しているのか、また、それらのサービスが今後どのように進化するのかについてもまとめています。

第5章から第6章までは、宇宙ビジネスが持続的に成長するために必要なインフラであるロケットや地上局、また、宇宙空間の宇宙ゴミ対策や宇宙保険といった、宇宙ビジネスの基盤となるインフラビジネスについてまとめました。

第7章と第8章では、宇宙での生活や月面移住など、これからさらに盛り上がることが期待されている宇宙ビジネスを紹介しています。多くの方が思い描く宇宙ビジネスはここに記載されている内容かもしれませんが、実は、これから始まるビジネスとなります。現在どこまでが現実のものとなっているのかという視点で楽しんでいただけると思います。

最後の章では宇宙ビジネスの世界にどのような仕事があるのかについて紹介しています。

宇宙飛行士やロケットのエンジニアなど、理系で専門的な知識を持つ人しか働けないというイメージが強いかもしれませんが、実はそれだけではありません。私自身メディアという立場で関わっているように、ビジネスを企画する人、営業、広報、法務、人事……と様々な仕事があります。本書を通して、あらゆる産業で宇宙ビジネスに関わる可能性があると気づいていただけると嬉しいです。

本書が読者の皆様にとって「宇宙ビジネスが私たちの生活を豊かにすること」を知り、「未来が楽しみ」と思っていただくきっかけになることを願っています。

序章　宇宙ビジネスに莫大なお金を投資する価値はあるのか
Is Investing Huge Money in Space Business Worth It?

第1章　「できたらいいな」から学ぶ意外と身近な宇宙ビジネスの世界
The Surprisingly Close World of Space Business

1　ＳＦ作家がきっかけとなって生まれた巨大なビジネス……018
2　ＳＦはどこまで現実に？　宇宙ビジネスの市場内訳……021
3　スプートニク・ショックからアポロ計画までの宇宙開発時代……026
4　宇宙開発時代から宇宙ビジネスの時代へ……031
5　宇宙ビジネスはインターネットやＡＩのような産業となるか……036
COLUMN　ＳＦ作品が育てる「できたらいいな」の実現者……039

第2章 スマートフォンから学ぶ通信ビジネスの世界
The World of Communications Business

1 スマートフォンで通話やインターネットを利用できるのはなぜ？……044
2 通信衛星で災害時にも情報が届けられる……048
3 30億人の新たなビジネスチャンス……051
4 イーロン・マスク氏が仕掛ける「スターリンク」のすごさ……056
5 各国・各社が取り組む次世代の通信システム構築……060
6 通信衛星の新時代が生み出す、その先の経済効果……065
COLUMN 地球に住む誰もが、あらゆる情報を手に入れ、発信できる時代に……068

第3章 GPSから学ぶ測位ビジネスの世界
The World of Positioning, Navigation and Timing Business

1 カーナビや地図アプリで現在地がわかるのはなぜ？……072

2 位置情報が無料で使えるのはなぜ？ …… 075
3 誤差数センチ、日本肝入りの測位システム「みちびき」 …… 079
4 位置情報×日本で生まれた巨大なビジネス …… 082
5 証券取引やラグビーでも使われる測位衛星データ …… 086
6 自動運転のカギを握るのは位置情報 …… 090
COLUMN 複数種類の衛星の掛け算で生まれるイノベーション …… 094

第4章 宇宙飛行士の視点から学ぶ地球観測ビジネスの世界

The World of Earth Observation Business

1 宇宙飛行士が見た地球の変化 …… 100
2 地球観測衛星のトレンドと衛星データの6つの強み …… 106
3 地球がここまで丸裸に……50年間磨き続けた人類の叡智《えいち》 …… 111
4 米、小麦、トマト……衛星データ産農作物が当たり前の世界へ …… 118
5 保険会社や電力会社、広告代理店も？ 実はここにも衛星データ …… 123

6 無料の衛星データが暮らしを変える……133
COLUMN 人類が手にした地球丸ごと健康診断ツール……137

第5章 ロケットから学ぶ宇宙インフラの世界

The World of Space Infrastructure

1 今、宇宙に物を運ぶ手段はロケットしかない……142
2 衛星数の急増と今後の市場規模予測……146
3 ロケットビジネスで日本が有利な理由……149
4 ロケットに並ぶ新たな輸送手段は生まれるか？……155
5 縁の下の力持ち、衛星とつながる地上局が足りない？……162
6 宇宙旅行はいくらかかる？……165
COLUMN スペースXの躍進から考える20年という時間の捉え方……172

第6章 宇宙のゴミ掃除から学ぶ軌道上サービスの世界
The World of In-Orbit Servicing

1 宇宙ゴミが問題になる理由……176
2 いつから宇宙ゴミ問題が顕在化したのか？……179
3 宇宙ゴミを除去するための技術開発……184
4 宇宙ゴミを出さないために進む技術開発……188
5 人工衛星の通信を補助する中継衛星……193
6 宇宙ビジネスの事業推進に安心を提供する宇宙保険……198
COLUMN 日本の宇宙ビジネスは日本らしい？……202

第7章 ISSから学ぶ宇宙生活の世界
The World of Life in Space

1 宇宙飛行士はISSで何をしている？……208
2 極限環境から生まれた地上の便利グッズとPRADAの宇宙服……212
3 こんなものまで？　多種多様な宇宙食の世界……218
4 ISSが2030年に退役する理由……223
5 物理的な商用宇宙ステーションとデジタル宇宙ステーション……226
6 新しい宇宙滞在時代のビジネス……230
COLUMN 宇宙から地球を見た人は価値観が変わるのか？……233

第8章 アポロ計画から学ぶ月以遠ビジネスの世界

The World of Beyond-Lunar Business

1 アポロ計画からアルテミス計画へ……238
2 イーロン・マスク氏が目指す人類の火星移住計画……242
3 アルテミス計画や地球外移住で生まれる新たなビジネスチャンス……247
4 ロボットと3Dプリント技術が宇宙ビジネスを加速させる？……251
5 地球外に資源は眠っているのか？……255

6 地球を隕石から守る、プラネタリーディフェンスの世界……259
COLUMN 今できなくても、未来の誰かが実現する……263

第9章 宇宙飛行士から学ぶ宇宙で働く人の世界

The World of People Working in Space

1 宇宙飛行士は人類の未来を担う科学の最先端に触れる仕事……268
2 宇宙ビジネス時代に求められる人材……272
3 学生でも宇宙ビジネスに参加できる……278
4 宇宙ビジネスは国数英社理の総合格闘技……284
5 「宇宙に関係ない」企業こそ日本の宇宙産業を強くする……288
6 非宇宙産業の課題とアイデアが宇宙ビジネス成長のカギ……292
COLUMN 「宇宙ビジネス」という言葉はなくなる時代が来る……299
おわりに……302
謝辞……305
参考資料……309

第1章

「できたらいいな」から学ぶ意外と身近な宇宙ビジネスの世界

Chapter 1 :
The Surprisingly Close World of Space Business

ALL ABOUT THE SPACE BUSINESS

1

ＳＦ作家がきっかけとなって生まれた巨大なビジネス

現代に生きる私たちは「できたらいいな」と先人たちが妄想し、実現した科学技術が積み重なった世界の上で暮らしています。例えば、もしも海を渡る船がなければ、世界中をインターネットでつなぐための海底ケーブルを敷くことができません。もしも世界中とつながるインターネットがなければ私たちは海外に住む誰かとオンライン通話をすることもできません。そして、世界中でインターネットが使えなければ、今の世の中はここまで便利になっていなかったでしょう。

最初に船を作った人は「海なんて渡れるわけがない」と馬鹿にされたかもしれません。また、最初に海底ケーブルを海に敷こうと考えた人も同じように呆れた顔をされたかもしれません。それでも便利になる世の中を信じ、実現した人がいたからこそ、現代の生活がどんどん豊かになっています。

東京ディズニーシーに行ったことがある方は「海底2万マイル」と聞いてピンとくるかもしれません。ウォルト・ディズニーが映画化したSF小説『海底二万里』を執筆した、SFの父とも呼ばれるジュール・ヴェルヌ氏は「人間が想像できることは、人間が必ず実現できる」という言葉を残しています。

実は、宇宙ビジネスで大きな市場規模を占めている宇宙技術もSF作家がその実現に大きく貢献したと考えられています。その宇宙技術とは、地上局がない場所や通信環境が脆弱な場所でもテレビを視聴できたり、飛行機でWi－Fiを使えるようになったり、災害時でも簡単な設備を用意すればインターネットが使えるようになるといった、人工衛星を活用した通信技術です。

この構想はSF作家であり『2001年宇宙の旅』の脚本を担当したアーサー・C・クラーク氏がその技術の存在を世に知らしめ、その内容に触発された科学者達によって実現されたと言われています。

現在、宇宙ビジネスではまるでSFの世界と言われるような技術革新がどんどん生まれています。そして、私自身、その世界を作っている技術者や企業の経営者の方に宇宙ビジネスメディアの編集者としてお話をうかがってきましたが、SF作品に影響を受けたという方が多くいらっしゃいました。

また、最近は「できたらいいな」というアイデアが生まれるＳＦの力にも注目が集まっています。『ＳＦ思考　ビジネスと自分の未来を考えるスキル』という書籍の著者のひとりである宮本道人さんに取材の機会をいただいた際に「(Amazon.com の共同創設者である)ジェフ・ベゾス氏をはじめとするトップ企業の成功者が、子どもの頃からＳＦを愛読していて、大人になっても変わらずに読んでいると公言したこともあり、今は大人がＳＦを読むことも一般的になりつつある」と教えていただきました。

実際に、ジェフ・ベゾス氏はBlue Origin（ブルーオリジン）という宇宙ビジネス企業を設立し、そのアドバイザーに、メタバースという単語の起源とも言われる小説『スノウ・クラッシュ』を執筆したＳＦ作家ニール・スティーヴンスン氏が社員として関わっているなど、新しい世界を切り開く強力な武器としてＳＦ思考が注目されています。

本書を手に取っていただいたみなさんが、宇宙を活用して実現している、以前であれば単なる妄想のようなサービスの今を知っていただき、新しい「できたらいいな」を生み出すひとりになっていただけることを願っています。

ALL ABOUT THE SPACE BUSINESS

2

ＳＦはどこまで現実に？ 宇宙ビジネスの市場内訳

では、人間が考えた「できたらいいな」は現時点でどこまで実現し、ビジネスになっているのでしょうか。まず、世界経済フォーラムが２０２４年に発表したレポートによると、２０２３年時点で宇宙ビジネスの市場規模は６３００億ドル（約98兆円）と推定されています。これは、テレビやＷＥＢメディア、屋外広告などすべてをまとめた世界全体の広告産業と同規模です。

そして、２０３５年にはこの約3倍の1兆８０００億ドル（約２８０兆円）もの市場規模にまで成長すると言われており、宇宙空間を活用したビジネスは今後もますます人間の想像力とともに拡大する予測となっています。

では、宇宙ビジネスで一番市場規模が大きいビジネスはなんだと思いますか？

私が実施した「宇宙ビジネスで最も大きい市場規模となっているのは何のサービスだと思いますか？」という1000人のアンケート調査で最も多くの票を集めたのは「ロケットの製造と打ち上げサービス（380人）」、続いて「人工衛星の運用によって地上に還元されるサービス（252人）」、その次に「月面や火星などの探査・移住のための投資（106人）」でした。

宇宙ビジネスというと「ロケット」のイメージが強いのですが、実は、宇宙ビジネスの市場規模におけるロケット産業が占める割合は約2％（130億ドル）となっています。

では、一番儲かっているビジネスは何かというと「人工衛星の運用によって地上に還元されるサービス」で、「人工衛星を運用するための地上局設備や端末」と合わせて市場規模の約71％（4470億ドル）を占めています。

つまり、人工衛星を宇宙に打ち上げることで私たちの生活が豊かになるビジネスが宇宙ビジネスの市場規模の大半を占めているのです。ただ、具体的に人工衛星によるどのようなサービスが私たちの生活に関わっているかの全体像をイメージできる方は少ないかもしれません。

宇宙ビジネスでは「通信衛星」「測位衛星」「地球観測衛星」と大きく３つの種類に分類して人工衛星の役割を説明することができます。

「通信衛星」とは、その名の通り衛星を介した通信を地上に提供する衛星です。地上の大規模な通信設備がなくとも私たちはテレビやラジオを楽しめたり、インターネットを利用することができるようになっています。つい最近、母が北海道出張で飛行機のＷｉ－Ｆｉを使ってＬＩＮＥでメッセージを送ってきた際に「人工衛星使ってるね」とこちらから送ったら「そうなんだ。いろいろ活躍してるのね」と返事がありました。知らず知らずのうちに使っているサービスのいたるところに人工衛星の活躍は隠れています。通信衛星関連の市場規模は２０２３年時点で２０００億ドルとなっており、２０３５年には３５１０億ドルまで成長すると期待されています。

「測位衛星」とは、私たちが普段利用するカーナビや地図アプリで自分がいる位置を把握できる基盤となっている衛星です。測位衛星関連の市場規模は２０２３年時点で

2430億ドルとなっており、2035年には9190億ドルまで大きく成長することが期待されています。

「地球観測衛星」とは、地球を観測した情報を私たちに提供してくれる衛星です。日本に住む人にとって最も馴染みがあるのは気象衛星「ひまわり」でしょう。また、ひまわりが提供する気象情報のみではなく、地球観測衛星は地球の様々な変化や状態を広く捉えることができるため、多くの産業において利用や実証が始まっています。地球観測衛星関連の市場規模は2023年時点で40億ドル、2035年には190億ドルになる予測であり、ほかの2つの衛星と比較するとその市場規模は小さいものとなっていますが、地球観測衛星は商用利用以外にも自然災害発生時の状況把握や安全保障用途での活用など、人命を守る上で非常に重要な衛星です。

また、人工衛星は今後もますます宇宙空間に増える予測となっており、衛星を打ち上げるためのロケットの需要が増えるほか、ロケットの打ち上げが失敗したときの保険事業や、衛星が増えたことによるゴミの回収や衛星の修理といった宇宙空間の交通整理のビジネスといった、いわば宇宙ビジネスのインフラビジネスも、今後成長が期待される領域です。

市場規模は、ロケットが現状の１３０億ドルから２０３５年には３２０億ドルに、宇宙保険や宇宙空間の軌道整備といったビジネスも現状は10億ドル程度ですが、２０３５年には２１０億ドルにまで成長すると期待されています。

ほかにも、人工衛星に関連しない宇宙ビジネスには宇宙空間での実験や宇宙旅行、月面探査などがあり、これらのビジネスは今後のさらなる発展が期待されています。市場規模については２０３５年時点で90億ドルまで成長する予測と少し控えめですが２０４０年以降にはさらに拡大が期待されています。

ALL ABOUT THE SPACE BUSINESS

3 スプートニク・ショックからアポロ計画までの宇宙開発時代

ここまで宇宙ビジネスの概要を紹介しましたが、宇宙ビジネスという言葉が使われ始めたのは比較的最近のこと。宇宙開発という言葉のほうが聞き馴染みがある方が多いのではないでしょうか。

なぜ宇宙ビジネスという言葉が生まれたのかを理解するために、ここで宇宙開発の歴史について触れたいと思います。

本格的な宇宙開発時代の幕開けは１９５７年10月４日にソ連が人類で初めての人工衛星スプートニクを打ち上げ、「スプートニク・ショック」という言葉が生まれるほど、アメリカが衝撃を受けたことでした。

では、スプートニク・ショックは具体的にどのような恐怖をアメリカに与えたのでしょうか。

想像してみてください。領空も領海も関係なく、他国の人工衛星が自国の上空を飛んでおり、情報を定期的に他国に届けることができます。スプートニク自体はそのような機能を持っているわけではありませんでしたが、今後それができるようになると思えば、国家の中枢だけでなく国民も恐怖を感じたというのは想像に難くないでしょう。また、人工衛星を宇宙空間を周回する軌道に運ぶ技術は大陸間弾道ミサイルの技術を持つことにもつながります。いつソ連からミサイルが打たれるか分からないまま眠れない夜が続いたという人も多かったかもしれません。

また、スプートニク・ショックは安全保障上の危機感を与えただけではありません。それまでアメリカは宇宙開発の技術において世界でナンバーワンだと思っていたところ、人工衛星打ち上げの成功を先行された上に、その後アメリカは自国の人工衛星の打ち上げに失敗しています。ソ連とアメリカとで技術力の差があると明確になってしまい、パニックとなりました。さらに、１９６１年にソ連は人類初の有人宇宙飛行も成功させ、２度目の敗北感をアメリカに対して与えることになります。

ソ連とアメリカの宇宙開発競争の結果はご存じの通りでしょう。アメリカは、スプートニク・ショックの後にNASAを設立し、大量の税金を投下。安全保障用途の人工衛星はもちろんのこと、有人飛行の成功に加えて人類初の月面着陸を目指して見事実現したアポロ計画など、大規模な宇宙計画を遂行し、多くの成功を収めました。

その結果生まれた宇宙システムが、安全保障用途での遠隔地の基地と通信するための通信衛星や、自国の飛行機や潜水艦の位置を把握する測位衛星、敵国の状況を把握するための偵察衛星（地球観測衛星）でした。そして現在、それらの技術は先に紹介した通り、ビジネスとして私たちの生活を豊かにしています。

また、アポロ計画も月面着陸という印象がとても強く、地球に還元されている技術が薄い印象があるかもしれません。しかしながら、アポロ計画は人類史上最も難しいと言えるプロジェクトです。組織、技術、費用といった様々な要素が複雑に絡み合ったものをバランスを取りながら前に進めていく難しさがあり、壮大なプロジェクトにおけるマネジメント手法がアップデートされる大きなきっかけともなりました。日本においても、アポロ計画が由来となる「ムーンショット型研究開発制度」と名のついた取り組みが内閣府主導で行われているように、いまだにその功績がたたえられているものでもあります。

余談ですが、アメリカが宇宙開発を進めるうえで、当時の宇宙飛行士はかなりの無理を強いられていたようにも思います。例えば、アメリカ初の有人宇宙飛行士アラン・シェパードさんは排泄機能がない宇宙服のなかで用を足してしまったそうです。また、アポロ計画でも宇宙服の着脱には時間がかかり、服を脱ぐ工程も含め、トイレは約45分かけて行う必要があったそうです。

このように、人にとって快適な機能をあきらめてでも国が急速に宇宙開発を進めた背景には、安全保障上の必要性、国際的な自国の技術力の誇示、また、自国のインフラの整備といった様々な要素が絡み合っています。詳細が気になる方は、宇宙政策の第一人者である鈴木一人教授の『宇宙開発と国際政治』にて、宇宙開発が国際政治という観点からどのような存在なのかを興味深く紹介されていますので、ぜひ読んでみてください。

さて、ここまで宇宙開発がいかに国という単位、特に冷戦当時のアメリカとソ連にとって重要なものだったかを紹介しましたが、宇宙開発を行うメリットの裏側には莫大なコストがかかるというデメリットもあります。そのため、ここまでの莫大なコストをかけてまで計画を遂行すべきかという声も大きく広がっていました。

実際に、アポロ司令船とソユーズがドッキングするという1975年7月のアポロ・ソユーズテスト計画は「宇宙開発競争のひとつの区切り」とも言われ、ミッションの後に予定されていたアポロ計画は予算の都合でキャンセルとなっています。

その後はアメリカ、欧州宇宙機関の加盟国、カナダ、ロシア、日本を含めた15カ国で今も運用されている国際宇宙ステーション（ISS）に象徴されるように、政府間協力が進み、並行して各国による独自の目的と戦略によって進められる宇宙開発の時代となりました。

本書の校了間近の2025年1月20日、トランプ氏が第47代米大統領に就任し、星条旗を火星に立てることを表明しました。宇宙開発は本書で書かれている内容以上にスピードアップするかもしれません。

ALL ABOUT THE SPACE BUSINESS

4 宇宙開発時代から宇宙ビジネスの時代へ

今、私たちは宇宙開発の変革期の真っただ中にいます。

宇宙開発が国主導で進められた結果、最初は安全保障用途ではあったものの、位置情報、地上局がない場所での通信、気象情報といった現代では欠かすことのできないインフラを人類は手に入れることができました。

また、国際宇宙ステーションは１９８８年に建設が始まり、完成したのは２０１１年。今もなお運用が続き、宇宙空間には必ず人類がいる状態が当たり前となりました。

しかし、宇宙開発には莫大なコストがかかります。新しい技術を詰め込んだ宇宙探査機や人工衛星の開発、宇宙空間に物を運ぶためのロケットを打ち上げ続けるコストはもちろんのこと、すでに運用されている人工衛星にも寿命があり、サービスを継続するための新しい衛星を打ち上げるためにもコストがかかります。

夢があるから、国民の士気が高まるから……といった理由だけで莫大な予算をつけることはできません。そこで、NASAが2006年に発表した妙案の代表例が「COTS(Commercial Orbital Transportation Services)」と呼ばれる民間宇宙ベンチャー企業の育成プログラムです。

国際宇宙ステーションへの物資と宇宙飛行士の輸送に向けて民間企業主体の技術開発を支援しながら、将来的にサービス購入を約束することで、政府が自ら需要を創出し、民間投資まで促すことに成功しました。このプログラムがあったからこそ今もなお驚異的な成長を続けている企業こそが、イーロンマスク氏率いるSpaceX(スペースX)です。

スペースXが開発した最初のロケットFalcon1は、打ち上げ成功までに3回の失敗をしています。その後、次失敗したらお金が尽きるという2008年に行われた4回目打ち上げで見事成功。そもそも２００６年に受け取ったＣＯＴＳの契約金２億７８００万ドルがなければ、成功に至る前にスペースXのロケット開発はストップしていたかもしれません。

ちなみに、スペースXのロケットの打ち上げにおいて、ワッペンには四葉のクローバーが必ず添えられています。これはFalcon1の4回目の打ち上げの際に当時の法務部長が願掛けとしてワッペンに四葉のクローバーを足していたことがきっかけです。四葉のクローバーは世界共通で幸運をもたらすシンボルなのだということを、私はこのエピソードを聞いて初めて知りました。

少し脱線しましたが、ＮＡＳＡのＣＯＴＳに代表されるような政府支援プログラムは、国主導で進めていた宇宙技術の研究開発を、民間企業主導で進められるところは戦略的に進めることで、宇宙開発のコスト削減と技術革新を同時に実現することを狙った新しい宇宙開発の形です。

冒頭で紹介した日本の宇宙戦略基金もこのような世界的な宇宙開発のトレンドに沿ったものであり、民間企業による宇宙開発を活発化することで、日本の宇宙技術力の底上げと世界をリードする宇宙技術の獲得が期待されています。

そして、この流れはアメリカ、日本だけではありません。欧州の宇宙機関も産業振興に力を入れており、中国、インド、オーストラリア……と多くの国が宇宙をビジネスの場として捉え、民間企業の育成を促進しています。

宇宙がビジネスの舞台となっていると私が強く感じたのは、ここまで述べたような政府の宇宙開発における方針の変化だけではありません。

現在、宙畑では「Why Space」と題して宇宙業界にいなかった方がなぜ宇宙業界に参入もしくは転職したのかをインタビューする連載を掲載しています。そこでは、もともとP＆Gの経営管理部門で働かれていた方、某IT企業で人事部の立ち上げからマネジャーをされていた方、某通信系列の大手企業で新規事業コンペ最優秀賞を獲られた方など、様々なスキルと見識を持ったビジネスパーソンが宇宙業界にどんどん流入されています。

実際にどのような方が宇宙業界で活躍されていて、活躍できるのかについては第9章で紹介していますので、本著をきっかけに宇宙ビジネスの世界に飛び込んでみたいと思われた方はぜひご覧ください。

ALL ABOUT THE SPACE BUSINESS

5 宇宙ビジネスはインターネットやAIのような産業となるか

では、宇宙産業は今後どれほどまで成長すると期待されている産業なのでしょうか。みなさんは、2035年に約280兆円の市場規模になった後、どこまで成長すると思いますか？

世界の企業の時価総額の上位を見てみると、Apple、NVIDIA、Microsoft、Amazon.comなどと、IT産業がその名を連ねています。

そして、「宇宙産業の今はインターネットの黎明期《れいめいき》と似ている」と言われることがあります。宇宙産業にはそれほどのポテンシャルがあるからこそ（もちろん安全保障の観点での重要性も大きいのですが）、各国が大規模な予算を投下し、自国の宇宙技術の獲得に本気を出しているということです。IT産業と似ているのであれば、宇宙企業が世界の時価総額ランキングに入る日が来るかもしれません。

とはいえ、本当にそこまで成長するのか？　と疑問を抱く方もいらっしゃるかもしれません。ＩＴ産業も虚業と言われ、最初は多くの人が本当にビジネスになるのかを訝しがられていた産業でもあります。

では、インターネットと同様の産業にまで成長するというのは具体的にどういうことなのでしょうか？

これまで私がインタビューの機会をいただいたなかでも、とても面白く例えられたお二方を紹介させてください。

ひとりは、SPACETIDE（スペースタイド）という日本で最も大きな宇宙ビジネスカンファレンスを毎年開催する一般社団法人の創設者であり代表の石田真康さんです。とてもわかりやすい指標を教えていただきました。それは「10億人にインパクトを与える産業になっているのか？」ということでした。世界の時価総額ランキングを見ても、ほとんどが10億人以上に大きなインパクトを与えている事業です。一方で、宇宙産業を見ると、無料で活用できる測位衛星の仕組みを除くと、多くの事業が政府や限られた産業向けに閉じていると明確な基準をお話しいただきました。

もうひとりは、２００７年にＩＴ企業を創業し、20代で東証マザーズに上場、その後、新たにSpaceData（スペースデータ）を起業された佐藤航陽さんです。インターネットの発展とともに事業を拡大された佐藤さんいわく、インターネットがここまで発展した裏側には誰もがＩＴ産業に参入できるプラットフォームが形成されていたことが重要であったとのこと。佐藤さんは実体験をもってその成長を感じられていることから、現在は限られた人しか参入できない宇宙ビジネスを、より参入しやすい産業へと変革する取り組みを進められています。「ブラジルの子供が新しい宇宙機を作れるような時代を作りたい」とインタビューで話されていたことがとても印象に残っています。

石田さんと佐藤さんのお話から、宇宙産業が10億人に利用されるサービスを生み出し、80億人が参入できる産業になればＩＴ産業と同様の成長が期待できます。

私自身、宇宙産業はそれほどまでの産業に成長すると信じ、日々活動をしています。ぜひ本書の内容から、宇宙産業にそれほどのポテンシャルがあると思っていただけましたら幸いです。

ALL ABOUT THE SPACE BUSINESS COLUMN

ＳＦ作品が育てる「できたらいいな」の実現者

ＳＦ作品が今の便利な社会を構築するアイデアの源泉になっていることを紹介しましたが、ＳＦ作品は、そのような技術開発に携わる人を増やす大きな動機にもなっています。

例えば、私が学生時代に出会ったＪＡＸＡの方は『機動戦士ガンダム』を見て宇宙開発に興味を持ち、実際にガンダムを作りたいと考えているとお話しいただきました。第8章で紹介している、日本の宇宙スタートアップの発展を語るうえで欠かせない企業であるispaceの代表取締役ＣＥＯである袴田武史さんは、公式ＨＰのプロフィール上で「子供の頃に観たスター・ウォーズに魅了され、宇宙開発を志す」と明言されています。

また、ＪＡＸＡが公開する宇宙飛行士のインタビューを見ると、２０２５年２月以降にＩＳＳに滞在予定の大西卓哉宇宙飛行士が宇宙に興味を持ったきっかけは映画『アポロ13』であり、山崎直子さんのインタビューでも「『宇宙戦艦ヤマト』や『銀河鉄道999』を観るのが大好きで、大人になったらみんな宇宙にいけるようになるんだろうなぁと漠然と思っていた」というコメントがありました。

SF作品は、未来の技術開発を担う次世代の芽が生まれるために非常に重要な存在です。「できたらいいな」を「私たちが実現する」と思った方々がいることで、宇宙開発に限らず、様々な技術革新が生まれています。

また、SF作品で描かれているような、信じられないような技術革新が実現することによって、その世界に興味を持つ方が増えるという好循環も生まれています。

例えば、宇宙飛行士の若田光一さんは、若田さんが5歳の時にアポロ11号が月に降り立ち、初めて宇宙に憧れをいだいたと宙畑のインタビューで教えていただきました。また、2024年10月にJAXA宇宙飛行士に新たに認定された諏訪理さんは、小学生の時にアポロ17号で月面を歩いた宇宙飛行士に会って、宇宙飛行士という職業に興味を持たれたそうです。

ほかにも、宇宙ビジネスイベントで初めて会う方とご挨拶をする際に、宙畑で紹介した今後の宇宙ビジネスの展望や、今の宇宙ビジネスでできることに関する記事を読んで宇宙業界に入りました！　という嬉しい言葉をかけていただくことも多くあります。

宇宙ビジネスは「人類にとって最後のフロンティアになるかもしれない」とも言われる世界であり、今後も未知の探求と技術革新の実現が起こり続けることが期待されています。

「できたらいいな」と思える技術革新のアイデアの源泉であり、その実現者をも生み出すＳＦ作品は、宇宙ビジネスにとって今後も欠かせない存在であるでしょう。

第2章

スマートフォンから学ぶ通信ビジネスの世界

Chapter 2 :

The World of Communications Business

ALL ABOUT THE SPACE BUSINESS

1

スマートフォンで通話やインターネットを利用できるのはなぜ？

現代に生きる私たちはスマートフォンを一台持っていれば、いつ、どこにいても好きなタイミングで好きな人と連絡を取ることができます。

では、私たちが普段何気なく使っているスマートフォンで通話やインターネットを利用できる仕組みをご存じでしょうか。通信衛星の役割と仕組みを理解するうえでぜひ知っていただきたい内容となっていますので、前置きが長くなってしまいますが、順を追って説明させてください。

まずは「糸電話」の仕組みを考えてみましょう。2つの紙コップを糸でつないで、一方の紙コップに話しかけると、もう一方の紙コップを持つ相手がその声を聞くことができます。

これは、声の振動が糸を伝わって相手のコップに伝わるという仕組み。私たちは「あいうえお」などの言葉を発する場合、口や舌の形を変えることで、声帯から出た振動に変化を加えることができ、任意の音を相手に届けることができます。届いた音は私たちの耳が振動をもとに何の言葉だったかを判別するのです。

そして、スマートフォンでの通話は、糸の振動ではなく、「電波」を使っています。電波とは、光の速さで進む「見えない波」で、声を電気信号に変換して任意の場所に届けることができます。

ただし、糸電話のように自分のスマートフォンから発した電波が直接電話をしている相手のスマートフォンに届くわけではありません。一般的にスマートフォンの電波は半径数ｋｍまで届くと言われています。そこで、スマートフォンを使った「通話」で電気信号に変換された電波は、近くの地上基地局に送られ、相手の近くにある基地局を経由して、相手のスマートフォンに届きます。相手のスマートフォンがこの電気信号を再び音に変換することで、相手はあなたの声を聞くことができるという仕組みです。

そして、インターネットでは、音だけでなく、文字や画像、動画など、様々なデータを主に基地局を通して送受信しています。具体的には、0と1の組み合わせで情報を表現する「デジタル信号」が用いられています。

つまり、通話では声をデジタル信号化して電波で伝え、インターネットではデータをデジタル化して電波でやり取りしているという違いはあれど、いずれもスマートフォンが周りの基地局と常に通信し、基地局を通じて情報を送受信しています。

また、私たちが移動中でも通信が途切れないのは、移動に合わせて次々と近くの基地局に接続を切り替えているからです。この仕組みを「ハンドオーバー」といい、これにより電波が途切れることなくスムーズに通話やインターネットが使えるというわけです。

では、前置きが長くなりましたが通信衛星に話を戻しましょう。ここまでの説明の裏返しになりますが、基地局が適切に配備されなければ私たちはインターネットの利用ができきません。そこで、宇宙に衛星を配備し、地上の基地局の代わりに宇宙に配備した衛星を介して通信ができるようにしようというのが通信衛星です。

だからこそ、地上の基地局がなくとも宇宙を介して通信を届けられる通信衛星の実現は、世界全体のイノベーションをさらに押し上げるインフラとして期待され、時代とともに進化している技術となっています。

ALL ABOUT THE SPACE BUSINESS

2

通信衛星で災害時にも情報が届けられる

日本に住んでいると、衛星通信が必要だと思う場面は比較的少ないかもしれません。それはひとえに日本の地上の基地局が他国と比較して恵まれているからこそです。

例えば、日本の3大キャリアであるドコモ、au、ソフトバンクそれぞれの基地局数はドコモの基地局で4G／LTEが約26・2万、5Gが約3万、auの基地局で4G／LTEが約19・5万、5Gが約5・2万、ソフトバンクの基地局で4G／LTEが17・5万、5Gが6・5万と大規模に基地局が整備されています。

では、これだけの地上設備が整備されている日本において、通信衛星は必要なのでしょうか？

実は、地上の基地局が整備されている日本においても、通信衛星が重要な役割を果たす場面が存在しています。ひとつは、災害時の通信衛星活用です。

日本は地震や台風などの自然災害が頻繁に発生しやすい国です。大規模な災害が起こると、地上の基地局が破損したり停電が起こったりして、通信が途絶える可能性があります。

こうした場合、衛星を利用すれば、被災地に衛星テレビ放送を通して迅速に情報を届けることができます。実際に2024年1月1日に能登半島地震が起きた後に、NHKではBS 3のチャンネルを使って、総合テレビの金沢放送局の地域向けニュースや全国ニュースなどを放送し、能登半島地震の最新情報を伝え続けていました。

基地局に問題が発生してインターネットが使えなくなったとしても、通信衛星があれば被災者や救援活動を行うチームが状況を把握するための連絡を取ることが可能となります。

また、災害時のみならず、通信衛星は平常時にも日本で活躍しています。例えば、通信衛星は航空機や船舶での通信を支える重要な手段となっています。航空機が空を飛んでいる間や、遠洋を航行する船舶には地上の基地局の電波が届かないのです。

さらには、バックホール回線と呼ばれる、地域の基地局を主要な通信ネットワークに接続するための通信回線にも衛星が使われることがあります。特に、山間部や離島などのアクセスが難しい地域では、衛星を使ったバックホール回線が地上の通信網を補完する役割を果たしています。

このように、普段は地上の基地局が充実しているために衛星通信の存在を意識することは少ないかもしれませんが、航空機や船舶の通信、また災害時の緊急連絡手段として、通信衛星は日本の安全で安定した通信環境を支えるために不可欠な存在となっています。

ALL ABOUT THE SPACE BUSINESS

3

30億人の新たなビジネスチャンス

第1章で通信衛星関連の市場規模は２０２３年時点の２０００億ドルから２０３５年には３５１０億ドルまで成長する予測と紹介しました。先に紹介した日本の事例だけでは、本当に予測通りに市場規模が成長するのだろうかと思われる方も多いかもしれません。

これほどまでの成長が予測されるのは、通信衛星関連のサービスが、先進国、新興国関係なく、地球に住む80億人が顧客でありプレイヤーとなり得る大きなビジネスチャンスが期待されており、それが現実となっているという理由からです。

例えば、現在、30億人を超える人々がインターネットの利用環境が整備されていない地域に住んでいると言われています。通信衛星関連のサービスは、その30億人がインターネットを新たに利用できるようになり、インターネットを使ったサービスの市場が拡大することが期待されています。

では、なぜ地上の基地局が整備されておらず、通信衛星も配備されていない地域がこれだけ存在しているのでしょうか。

その理由のひとつは、地上の基地局の設置には莫大なコストがかかること。先に紹介した通り、日本の国土ですら数十万を超える基地局の設置が必要となります。これだけのコストをかけて設備投資するには相応の費用対効果が見込めなければなりません。

また、通信衛星を使うにしても、地上局の設備ほどはコストがかからないものの、既存の仕組みでは、様々なインターネットを活用したサービスを受けられるほどのスペックではないという点に課題がありました。それは、従来の通信衛星が地上から約3万6000km離れた静止軌道と呼ばれる場所に配備されていることが理由です。

図　通信の方式ごとの「エリア」

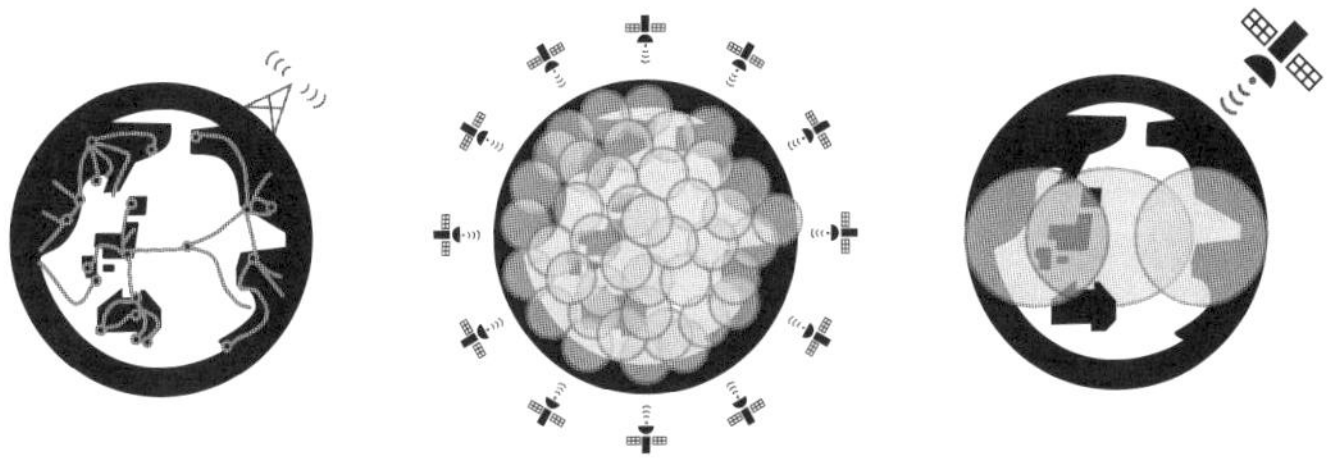

【地上・海中線】
回線が引ける場所のみ
（海上は苦手）

【非静止衛星】
地球全域をカバー

【静止衛星】
地球上の大部分
（極域は苦手）

出典：宙畑 owned by Tellus

静止軌道では、衛星が地球の自転と同じ速度で動くため、地上から見ると同じ位置に固定されているように見えます。つまり、日本上空にあれば、常に日本上空に衛星が存在し、日本とその周辺のアジア含む広範囲で24時間通信を行うことが可能となります。

静止軌道に配備された通信衛星が提供できるインターネット環境の課題は2つ、「遅延」と「通信速度」です。

遅延とは、送信と受信の間に生じるタイムラグです。地上から3万6000km離れた位置まで電波を送る必要があるため、従来の通信衛星では、通常500から

図　通信の方式ごとの「遅延」

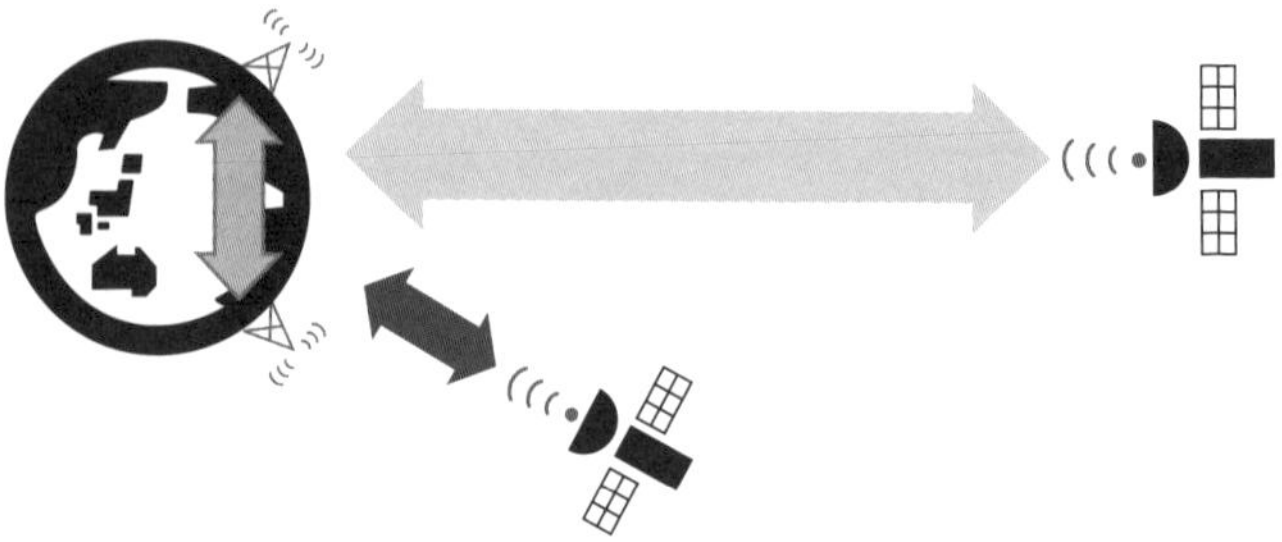

【地上・海中線】
距離が近いので
遅延が小さい

【非静止衛星】
静止衛星よりは近く
遅延が小さい

【静止衛星】
距離が遠く
遅延が大きい

出典：宙畑 owned by Tellus

600ミリ秒の遅延が発生します。これだけの遅延がある場合、インターネットのビデオ通話やオンラインゲームなど、リアルタイム性が求められる通信には不便です。オンラインゲームの望ましい遅延は30ミリ秒未満と言われています。

また、通信速度においても、オンライン会議を行うために必要な速度は上りと下りで10Mbps（1秒間に10Mbitの送受信ができる）、オンラインゲームを楽しむ場合は上りと下りで30Mbpsから100Mbpsが必要と言われています。その点、従来の通信衛星では、上りが最大3Mbps程度、下りが最大10Mbps程度と利用できるサービスやアプリケーションが限られていました。

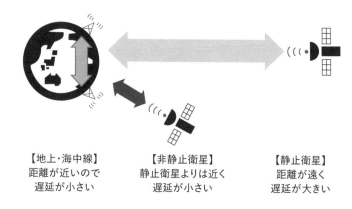

通信衛星を利用する環境を整備する費用は（地上の基地局を整備するまではないにせよ）非常に高価であり、そのコストを回収するための費用対効果を従来の静止通信衛星が提供できるインターネット環境のスペックで算出することは難しい場合があります。このような背景から、都市部や人口密集地ではサービスが提供されていても、農村部や離島、発展途上国の多くの地域では十分な通信サービスが届いておらず、その数が30億人以上となっていたのです。

「なっていた」と過去形にしているのは、30億人に快適なインターネット環境を比較的簡易に届ける仕組みが構築されてきているから。そのビジネスを先行して展開し、急拡大しているのは、第1章でも紹介したイーロンマスク氏率いるスペースXです。サービス名はStarlink（スターリンク）というもので、最近はテレビでも紹介されることが増えているため、その名前を聞いたことがある方も多いかもしれません。

ALL ABOUT THE SPACE BUSINESS

4

イーロン・マスク氏が仕掛ける「スターリンク」のすごさ

スターリンクのサービスを活用すれば、これまでインターネットを使えなかった地域であっても、通信速度が高速で、低遅延のインターネットを、大規模な設備も必要なく利用することができます。

例えば、通信速度は現状のスペックで上りが最大25Mbps、下りが最大220Mbpsと動画サービスを楽しむうえでは十分なインターネット環境を提供できるレベルを実現しています。また、遅延についてもスターリンクの公式HPによれば約25ミリ秒となっており、従来の通信衛星と比較するととても短い遅延です。

また、人ひとりが持ち運べるほどのコンパクトなアンテナを設置さえすれば、インターネットを利用できるようになっています。そのため、これまで通信環境が十分でなかった地域にあった法人での利用はもちろんのこと、個人でもお金さえ払えば利用が可能となっています。

さらに、利用料も自宅に設置する場合は日本では月額6600円からと、高額すぎるとは思われないだろう設定がされています。

スターリンクのサービスは2020年からβ版のサービス提供が始まり、日本では2022年にサービス提供が開始されました。現時点で120カ国以上が利用できるようになっており、その契約者は2025年1月時点で460万人を超えています。仮に月額6600円の契約だったとしても、年間の売上は3000億円以上となります。

Bloombergによれば、2024年度のスペースX（ロケット事業やNASAからの委託事業なども含む）の売上は2兆円を超えるという予測も出ています。契約者数が300万人を突破したのは2024年5月だったので、その成長スピードにも驚きです。日本の宇宙産業の市場規模が4兆円なので、もしかしたらスターリンクの売上だけで越されてしまうかもしれないという怖さもあります。

ここまで読んでいただき、地球全球を対象としたビジネスができる、ゲームチェンジャーになれるという点でもあらためて宇宙ビジネスが生み出せるインパクトを実感いただけるのではないでしょうか？

では、スターリンクはどのように利用されているのでしょうか。実は、通信環境がすでに整備されている日本においても利用事例が生まれています。

例えば、企業の利用事例としてインパクトが大きいのは、日本郵船や商船三井といった、海上での快適なインターネット環境を求める海運企業の利用です。海上には地上のように基地局を立てることができないため、従来は、地上とのやり取りのために静止通信衛星を利用していました。

ただ、船員にとって、快適なインターネット環境がないことはストレスの要因ともなっているようです。スターリンクを利用することで、通信速度や遅延が大幅に向上し、家族や友人との会話や動画サービスの利用も可能となります。また、船と陸とのビデオ会議ができたり遠隔医療時の支援を地上から受けられたりするといったメリットもあるようです。

ほかにも、山の中で開催される野外フェスや山小屋といった、通信環境が整備されていない場所でもスターリンクの導入が始まっています。デジタルデトックスをしたいと考えて野外フェスに行ったり、山登りをする方にとっては複雑な気持ちかもしれませんが、いつでもどこでもインターネットとつながれる環境がスターリンクによって実現され始めています。

ALL ABOUT THE SPACE BUSINESS

5 各国・各社が取り組む次世代の通信システム構築

では、スターリンクはどのようにして従来の通信衛星と比較して大幅に向上したスペックのインターネット環境を提供できているのでしょうか。その仕組みは非常にシンプルです。

それは、スターリンクのサービスを構築する衛星が従来の通信衛星があった静止軌道（地上3万6000ｋｍ）よりも遥かに地球に近いところを飛んでいるからです。静止軌道は、地球の自転速度と同じ速度で地球を周回するため、地上からだと衛星が止まっているように見える軌道です。

静止軌道にない衛星は、地上から見ると静止しておらず、衛星1機だけでは24時間通信を提供することはできません。では、どのようにして常時途切れないインターネット環境を提供するかと言うと、大量の衛星を打ち上げるという大胆な手法を用いています。

どのくらい大量の衛星かと言うと、スターリンクの衛星は現時点で７０００機以上宇宙空間に打ち上げられており、最終的に４万２０００機が配備される計画となっています。これだけの衛星が宇宙にあることで、地上での途切れることのないインターネット環境の提供を可能にしています。

このように、複数の衛星を宇宙空間に配置し、１機の衛星では実現できない複合的なサービスを提供する仕組みのことを、「星座」という意味を持つコンステレーション(constellation)という言葉を用いて、宇宙業界では衛星コンステレーションと呼びます。

そして、スターリンクのような大規模な衛星コンステレーションによる通信衛星サービス提供を計画しているのはスペースXだけではありません。ＥＣサイトを運営するAmazon.com(アマゾン)も、Project Kuiperという３０００機を超える通信衛星コンステレーションの構築を計画し、完全子会社を設立しています。また、ソフトバンクグループは同様の通信衛星コンステレーションを計画するOneWebに2016年に出資をしました。その後、OneWebはフランスの大手通信衛星事業社Eutelsat Communicationsと経営統合し、Eutelsat OneWebとなり、2024年12月のサービス開始を発表しています。他にも楽天が出資したAST & Scienceや、中国でも中国版スターリンクとも呼ばれる「千帆星座」計画の衛星が打ち上げられ始めるなど、スペースXだけではなく、各国・各社が独自の通信衛星コンステレーションの構築を進めています。

そのため、今後も通信衛星の打ち上げが加速し、現時点で計画されている衛星の数を足しただけでも7万機を超える衛星が打ち上がる予定となっています。スターリンクの衛星打ち上げが本格化する以前の2019年に打ち上げられた衛星の数は世界全体で500機でした。単純計算すると140年かかる計算となりますが、衛星の小型化やスペースXや中国のロケットの打ち上げ回数の急激な増加により、衛星の打ち上げ機数も急増しています。ロケットについては第5章で紹介しますのでそちらもぜひご覧ください。

スターリンクがほかの計画と比較して早期にサービスを展開できたのは、スペースXが自前でロケットを開発、運用しており、コストも安く大量の衛星を打ち上げられるという強みが最大限に活かされた結果でした。

ちなみに、スターリンクのような低軌道の衛星コンステレーションが当たり前になることで、従来から運用が続く静止軌道の通信衛星がいらなくなるかというと、そうではありません。

例えば、スカパーＪＳＡＴは新型の通信衛星「ＪＳＡＴ－31」と「Superbird－９」の打ち上げを予定しています。いずれの通信衛星もフルデジタル衛星となっており、宇宙空間に配備された後も自由に通信地域や伝送容量を変更することができるようになっています。

これらの衛星が配備されることで、災害が起きた際に輻輳《ふくそう》（１箇所に集中する混雑した状況）してインターネットがつながらないなど、安定した通信サービスが受けられないときでも、特定の災害発生エリアの衛星通信のキャパシティを増やすといった柔軟な対応ができるようになります。

このように、静止軌道に配備する通信衛星も進化を続けており、今後も地上の生活の当たり前を守り続け、より豊かな生活を送れるようになるサービスの登場が期待されます。

ALL ABOUT THE SPACE BUSINESS

6

通信衛星の新時代が生み出す、その先の経済効果

第1章で10億人に使われるサービスが宇宙業界で生まれることが、宇宙産業がIT産業のような成長産業となるひとつの指標だと紹介しました。

通信衛星ビジネスは、今後も衛星機数が増えることによってインターネット環境の安定が望まれるほか、技術革新により通信速度が速くなり、各社が競争することによって値下げやサービス面での向上も望まれます。インターネット環境の整備が不十分な地域に住む30億人、また、すでに通信環境のある50億人にも利用される可能性があるビジネスと言っても過言ではないでしょう。

また、30億人がインターネットを利用するために支払う通信料金だけでも相当なビジネスになりますが、経済効果はそれだけにとどまりません。30億人が快適なインターネット環境を手にすることで、様々なサービスを享受することができます。このように、宇宙技

術を直接利用することによって生まれる売上だけではなく、その先にある波及効果の大きさも宇宙産業が成長産業と期待される理由です。

世界経済フォーラムが発刊した宇宙産業の未来予測に関するレポートでは、そのような波及効果を「Reach」と定義しており、通信衛星が生み出す経済効果は2023年の670億ドルから2035年には1330億ドルと約2倍になることが予測されています。詳細を見ると、小売業、つまり、ECの売上が250億ドルから890億ドルと大きく成長するようでした。アマゾンにとっては、自社の通信衛星コンステレーションを構築することで、顧客数が30億人も増える可能性があり、そして、通信事業としても稼げる新たなビジネスチャンスというわけです。アマゾンプライムに入ればアンテナは無料でもらえるといったサービスも今後出てくるかもしれませんね。

続いて、EC以外の通信衛星の波及効果が期待される成長産業としては銀行や証券といった金融市場が挙げられていました。インターネットが誕生してから、情報は世界中の砂浜の砂の数ほど存在すると言われることもあるくらい、人類が1日に得られる情報量は爆発的に増えました。通信環境が整備されることによって、投資をしたいと考える人が増え、金融市場にもポジティブな効果があるということは非常に面白い流れだと思います。

　また、インターネットに存在する膨大な情報にアクセスできる人が30億人増えるということは、各地域における科学技術の振興にも寄与するでしょう。今回のレポートは２０３５年までの成長予測であり、各産業の具体化した算出が可能な市場規模予測となっていますが、一般的な市場規模推定では算出が難しい、抽象的かつ潜在的で大きな価値を生み出す可能性が通信衛星ビジネスには眠っています。例えば、第3章以降で紹介するような宇宙ビジネスの可能性を、新たに30億人もの方に届けるチャンスが生まれるというだけでも、私はとてもワクワクしています。

ALL ABOUT THE SPACE BUSINESS COLUMN

地球に住む誰もが、あらゆる情報を手に入れ、発信できる時代に

テレビや新聞がメインの情報源だった時代は、人が情報を得る手段や情報の量も限られていました。もっと遡れば、木に文字が彫られた板を使った木版印刷といった、そもそも印刷ができる部数が限られている時代では、情報を得ることすらできなかった方も多くいました。

つまり、インターネット誕生以前は、発信者の感性やリソースに内容も量も委ねられ、得たい情報を得るためには、人に会いに行く、図書館に行く、書籍を購入するといった外に出る行動が必要でした。

しかし、インターネットが登場したことで、私たちは知りたい情報を時間の許す限り得られる時代となりました。そのおかげか、宇宙に関するイベントに行くと、専門家もタジタジになるような鋭い質問をする小学生も増えています。

もちろん、インターネットにはない、人に聞かなければわからないことも世の中には多く存在しますが、知りたいという好奇心があれば、誰でも大人以上の知識を手に入れられるチャンスは確実に増えているのです。

その恩恵が地球に住む全員に行き渡るのが、衛星通信がもたらす新しい時代です。

私は、各土地、各立場の方が実感するリアルな体験があってこそより良いイノベーションが生まれるものだと考えています。

日本の中だけで見ても、47都道府県で宇宙の技術を活用した実証内容や事業にはその地域の特性を表しているものが多くあります。例えば、衛星データの利用実証事例として、熊本県の天草では野生のイルカが生息する生物多様性に関する調査、広島県では名産の牡蠣の生産管理、新潟県では積雪深分布把握に基づく道路除排雪システムの構築など、その土地ならではの実証が行われています。

これまでインターネットが十分に行き渡っていなかった土地に住む人がいつでも好きな情報を得られるような状況になることで、きっとその地域特有のイノベーションが今後さらに増えることでしょう。

そして、インターネットの登場は、誰もが情報の発信主になる権利を提供することとなりました。テキストはもちろんのこと、YouTubeやTikTokといった動画、また、サービスやアプリなど様々な表現方法で、世の中に自分の思いや製品を発信することができます。

そして、AIが登場したことによって、情報を受け取れる量も、発信できる量もさらに爆発的に増える時代を私たちは生きることが予想されます。地球に住む誰もが意思を持てば何かを実現できる時代がすぐそこまで来ています。

第3章

GPSから学ぶ測位ビジネスの世界

Chapter 3 :

The World of Positioning, Navigation and Timing Business

ALL ABOUT THE SPACE BUSINESS

1

カーナビや地図アプリで現在地がわかるのはなぜ？

私たちが普段当たり前に利用しているカーナビや地図アプリはなぜ自分の位置がわかるのか、気になったことはありませんか？　本章で測位衛星を活用したビジネスのお話をする前に、衛星を活用して位置情報がわかる仕組みについて紹介します。

測位技術を理解するうえで重要なのは、電波（光）の速さと時刻の2つです。

少し難しい話に入る前に、身近な例を考えてみましょう。雷がピカッと光ったとき、どのくらい遠くで雷が発生したのかを知るために、光ってから音が鳴るまでの時間を測ったことがあるという方は多いのではないでしょうか。

これは、光が秒速約30万ｋｍという速さを持つことに比べて、音は秒速約３４０ｍの速さで空気を伝わるので、光と音の到達時間にズレがあり、距離が測れるという考え方です。

衛星測位システムの仕組みもこの考え方がわかれば理解がしやすくなります。スマートフォンやカーナビは、人工衛星から発せられる電波を受信し、衛星からの信号が到達するまでの時間を測定します。電波は光と同じく秒速約30万ｋｍで進むため、その到達時間から各衛星との距離を計算し、自分の位置を特定するのです。

そして、人工衛星が４機あれば、私たちの位置情報は推測が可能となります。雷の距離を推定はできてもどの方角からかを音だけで推定するのは難しいように、衛星１機だけでは位置を正確に特定することはできません。

少なくとも3機の衛星の信号を受け取ることで、それぞれの衛星との距離が交わる位置（緯度と経度、標高）を推定することができます。

では、なぜ4機の衛星が必要なのでしょうか？　４機目の衛星の重要な役割として、時間の誤差補正というものがあります。繰り返しになりますが、光の速さは秒速約30万ｋｍ

です。もし0・00001秒でもずれたら3km位置がずれてしまいます。そこで、アメリカの測位衛星には誤差が30万年に1秒以下とも言われるセシウム原子時計およびルビジウム原子時計が搭載され、時間の誤差補正を行っています。想像もできない世界ですね。

ちなみに、これまでに紹介した計算を正確に行うためには、衛星の位置も正確に把握する必要があります。広大な宇宙に存在する衛星の位置の予測が1mでもずれたら、私たちの位置も1mずれて表示されてしまいます。最新の研究では、太陽光が衛星に当たることでわずかに生じる力が衛星を動かしてしまうといったことまでも計算して、衛星の位置をシミュレーションするということも行われています。

最初に測位衛星のシステムを考えた技術者と、それを実現した衛星開発者と運用者の方がいかにすごいことを成し遂げられているのか、少しでもそのすごさを感じていただけますと幸いです。

本章では、測位衛星の利用が一般的に普及した背景と合わせて、日本が整備を進める準天頂衛星みちびきの紹介、位置情報を活用したビジネス、測位衛星の展望を紹介します。

ALL ABOUT THE SPACE BUSINESS

2 位置情報が無料で使えるのはなぜ？

一般的に衛星を活用した測位システムは全球航法衛星システム（ＧＮＳＳ:Global Navigation Satellite System）と総称されます。では、聞いたことがある人も多いだろうＧＰＳは何かというとアメリカが運用する全地球航法衛星システムで、現在30機の衛星が宇宙空間に配備されています。

では、なぜＧＰＳはアメリカの衛星であるにもかかわらず、世界中で使えるようになっているのでしょうか。冒頭で紹介した通り、もともと宇宙開発は軍事で利用されていたものであり、秘匿性の高い技術であるはずです。

その無料公開の背景には多くの人の命が失われてしまったことに対するアメリカの善意

と、政治的な戦略の2つの側面があります。

まず、GPS開放のきっかけとなったのは1983年に発生した大韓航空機撃墜事件でした。大韓航空の航空機がソ連の領空を侵犯したため、ソ連の戦闘機により撃墜され、その航空機に乗っていた乗客・乗員の269人全員が死亡するという凄惨な事件が発生しました。その後、当時のアメリカ大統領であったレーガン大統領が同様の事故を未然に防ぐことを目指して、GPSを一般ユーザーに開放することを宣言しました。

1996年にはGPS受信機を持っていれば誰でもGPSを無料で利用できるようになりました。

興味深いのは、GPS利用が開放されたものの、2000年までアメリカは軍事上の理由から意図的に位置情報に誤差を加えるようにしており、本来は10mの精度で位置情報がわかるところ100m程度の精度にまであえて落としていたものの、2000年からはそのような人為的な誤差を発生させることをやめたということです。

人為的な誤差を発生させる仕組みはSelective Availability（SA）と呼ばれるもので、

Selectiveと名の付く通り、（当たり前ではありますが）アメリカは誤差をコントロールできました。

しかしながら、2000年にはSAの解除を当時のクリントン米大統領が発表し、2007年から開発する新しいGPS衛星にはSAの機能を搭載しないとしています。これによりGPSはますます世界的に利用され、新しい産業が生まれることとなりました。

なぜアメリカは軍事的にGPSの技術を制限することができたにもかかわらず、無料で開放する選択をしたのでしょうか。この裏側にはアメリカの政治戦略的な意図が少なくとも2つ存在していると考えます。

ひとつはGPSを開放することで、各国がGPSを利用することとなれば、アメリカは事実上、世界の測位基盤を担うこととなります。各国や企業はアメリカの技術基盤に依存せざるを得ないという強力な外交カードとなります。

もうひとつは、GPSの商業的利用です。GPSが世界中で無料で利用できるようになったことで、後述するような新しいビジネスやサービスが次々に生まれました。世界的な技術の無償提供によって、アメリカはこれらの産業発展のインフラとなり、結果的に自国の経済成長にも寄与することとなります。

このように、GPSの無料開放は安全性の向上という公益的な理由だけでなく、経済的・戦略的な意図も含まれた政策だったのです。

もちろん、アメリカのみに依存することは望ましい状態ではないとして、各国は自国の測位衛星を持つことを計画し、衛星開発と宇宙空間への配備を進めました。その結果、現在では欧州ではGalileo、ロシアではGLONASS、中国では北斗（BeiDou）、インドではNavIC、日本ではみちびきと、各国が独自の測位衛星計画を推進しています。

ALL ABOUT THE SPACE BUSINESS

3

誤差数センチ、日本肝入りの測位システム「みちびき」

では、日本が進める測位衛星計画はどのようなものなのでしょうか。これは、日本版ＧＰＳとも呼ばれるもので、正式名称は「みちびき（準天頂衛星システム：ＱＺＳＳ）」です。現在計画されている衛星機数は11機で、２０２５年１月現在は４機の衛星が宇宙空間に配備されています。

アメリカのＧＰＳは30機も配備しているのに、日本は11機と少なくて大丈夫なのかと勘の良い方は思われるかもしれません。

アメリカのＧＰＳは、地球全体をカバーするために多くの衛星を必要としますが、みちびきは日本とアジアに焦点を当てているため、11機という少ない数で効率的にサービス提供地域をカバーできるように設計されています。つまり、日本の測位衛星であるみちびきでは全球をカバーはできません。そのため、厳密には、みちびきのような全球を観測するわけではない測位衛星システムはＧＮＳＳに対してＲＮＳＳ（Regional Navigation Satellite System）と称されます。

みちびきを用いる大きなメリットは日本国内において数ｃｍ程度の誤差で位置情報を補足できるようになるということです。

この仕組みは「準天頂衛星」という名前にも関係しています。「天頂」とは、観測地点における鉛直線（重力の方向を示す直線）が上方で天球（地球を中心として取り巻く球体）と交わる点のこと。つまり、準天頂衛星とは、日本のほぼ真上をみちびきが通るような軌道に配備された衛星ということです。

山岳地帯やビルが立ち並ぶオフィス街に行くと位置情報がずれやすいと感じたことはありませんか？　これはＧＰＳの受信機までに山やビルが電波を遮断してしまうために起こる現象です。しかしながら、準天頂衛星は、準天頂、つまり限りなく真上から衛星が電波を発することで、日本においては都市部や山岳地帯など、従来のＧＰＳ信号が届きにくかった場所でも、高精度な位置情報を提供することができる仕組みとなっています。

現在4機体制が構築されていることで、常に日本上空に1機はみちびきがある状態となっています。また、宇宙空間にみちびきが7機配備されれば、常に日本上空に4機の測位衛星が存在する状態を作れるため、みちびきのみで位置情報を得られる仕組みが整備されることとなります。

さらに、みちびきは、測位精度だけでなく、災害時の情報提供機能も持っているため、地震や津波などが発生した際に、通信インフラが不安定な場所であっても、衛星を介して緊急情報を届けることができます。これは、近年の豪雨災害の甚大化や地震といった災害リスクが高い日本にとって非常に重要な機能です。

今後の打ち上げ予定としては、2025年度までに3機の衛星を打ち上げ、2026年度からは7機体制での運用を開始することとなっているほか、2030年代にはもう4機をバックアップ機能の強化や利用可能領域の拡大のために打ち上げ、11機体制になる計画が内閣府主導で進められています。

ALL ABOUT THE SPACE BUSINESS

4

位置情報×日本で生まれた巨大なビジネス

アメリカがＧＰＳを開放したことによって生まれた、日本発の巨大なビジネスがあるのですが、思い当たるものはありますか？

実は、地図型のカーナビは日本が世界に先駆けて開発し、世界中に広がった自動車関連ビジネスです。さらに驚くのは、ＧＰＳがなかった時代に日本がカーナビの仕組みを考案し、開発したということです。

世界で初めて地図型のカーナビを開発したのは本田技術研究所でした。当時、ドライブする際には、地図を見て目的地までの道順と、各ポイントにある目印を覚える必要がありました。それを当たり前だと思わずに最終的なゴールは自動運転車であることを見据えて、まずは自分の位置を車が把握することを目指して作られたのが世界初のカーナビです。

具体的には、車に適したジャイロスコープ（ものの向きや角速度を検出する装置）を開発し、特注の地図をブラウン管の画面に差し込んで、専用のペンで車の現在地を最初に記録させて走らせることで、車が今どこを走っているのか把握するという手法（地図の外に車が出る場合は地図を差し替える必要があり）でした。今考えるとかなりアナログな手法ですが、車がどこを走っているのか二次元空間で常にわかるとなったときの世間の驚きは想像に難くないでしょう。

その後、モニター上に電子地図を表示する「エレクトロマルチビジョン」をトヨタが発売し、地図を差し替えることなく自車の位置がわかるようになりました。

そして、世界初のＧＰＳを利用したカーナビがパイオニアより販売されたのは１９９０年のことで、同年には、三菱電機とマツダが共同開発した純正カーナビも販売されました。１９９０年はＧＰＳを利用する際に、測位精度が意図的に落とされる措置を取られていた時期でもあり、ＧＰＳのみでなく、これまでの車載センサと地図合わせによる誤差修正機能を組み合わせていました。

このように、日本を代表する数々の企業の知恵を結集して生み出された技術がカーナビです。ちなみに、カーナビの販売台数は今もなお成長予測で、市場規模についても様々なレポートが発表されており、その規模は2兆円を超える巨大な市場となっています。

また、位置情報を活用して生まれた日本も関わるビジネスとしてもうひとつ紹介したいのは「ポケモンGO」です。ポケモンGOはアプリ調査会社Sensor Towerによると2016年7月～2023年2月までに世界累計の収益が65億ドルを突破しています。ちなみに、売上額が多い地域は日本ではなく、アメリカとなっていることも驚きです。

「なんだ、ゲームか」と思われる方もいらっしゃるかもしれませんが、ゲーム産業は2021年の市場規模が2106億ドル、今後年平均成長率（CAGR）18・27％で成長し、2030年には9537億ドルに達するとの予測もあります。この規模は宇宙産業全体の市場規模にも匹敵するほどです。

ポケモンＧＯは、位置情報とゲームのアイディア、そしてコンテンツＩＰがかけ合わさったことで新しい巨大ビジネスが生まれた好事例と言えるでしょう。そして、日本にはポケモンやスーパーマリオ、ドラゴンクエスト、ドラゴンボールといったゲーム・漫画から生まれた世界的に親しまれるコンテンツＩＰ（Intellectual Property）が多く存在します。すでにドラゴンクエストには位置情報ゲームが存在しているように、今後、日本のコンテンツＩＰと宇宙技術が合わさった新たなビジネスが誕生することもとても楽しみです。

ALL ABOUT THE SPACE BUSINESS

5 ―― 証券取引やラグビーでも使われる測位衛星データ

今回、測位衛星の活用事例を本書で紹介するにあたって、内閣府で準天頂衛星システム戦略室の室長を務められている内閣府宇宙開発戦略推進事務局の三上建治参事官にお話をうかがうことができました。

本章で紹介したような、今後ますます利用が期待される様々な事例を教えていただいたなかで、強く印象に残ったのは、測位衛星は位置情報だけではなく、正確な時刻情報を持っているからこそ社会経済に大きなインパクトを生み出している事例が数多く存在しており、今後も活用事例が増えていくということです。

衛星を用いた測位システムの仕組みを説明した際に、人工衛星には30万年に1秒以下の誤差しかない超精密な時計が搭載されていると紹介しました。実は、宇宙空間に配備され、超精密な時計と通信機能を搭載する人工衛星は、地上のあらゆる仕組みを動かすうえでとても重要な役割を担っています。

では、30万年に1秒以下の誤差が求められるほど正確な時間が重要な社会の仕組みと言われて思い浮かぶものはありますか？　ヒントは、たった0.1秒の誤差が数億円、もしくはそれ以上の損失を生んでしまう可能性があるというものです。

答えは、証券市場における証券取引の仕組み。誰が、いつ、何の商品を、いくらで購入したのかという取引の履歴は、順番が少しでもずれることは許されません。2020年時点で東京証券取引所の1日の取引は1.5億回を超えているそうなので、0.1秒たりともずれが許されない世界です。

また、日本人であればほぼすべての人が利用している、とあるインフラにも測位衛星の時刻情報は使われており、今後も活用が期待されているものがあります。それが、電力の供給と需要のバランスをとるための時刻情報の活用です。私たちは照明や空調、冷蔵庫、スマートフォンやパソコンの充電……など、ありとあらゆる便利な生活を電気に支えられて生きています。しかし、普段特に意識することなく電気を利用できている裏側で、電力会社は発電する電力（供給側）と利用される電力（需要側）のバランスを常に調整する必要があり、それができなくなると、最悪の場合、大規模な停電が発生してしまいます。そこで、電力会社はいつ、どの程度の電力が必要かを常に予測しながら発電量を調整しているのですが、そこでも時刻情報が非常に重要であり、測位衛星の活用が今後も拡大すると予測されています。

通信衛星の章でも紹介したように、衛星は地上で自然災害があったとしても壊れることはありません。また、もし衛星がなかったとしたら、精密な時計を必要な施設にそれぞれ配置する必要があります。これはコストもかかるほか、持ち運びも難しいため、あまりにも非現実的です。宇宙に衛星があるからこそ、現在の私たちの生活は成り立っているといっても過言ではないでしょう。

また、「実はここにも測位衛星」という事例でぜひ紹介したいのがスポーツのトレーニングと試合結果の振り返りにおける活用です。現在、受信機が小型化しており、ラグビーやサッカーといったチームスポーツの選手一人ひとりの運動量や動きを把握することができるようになりました。運動量がわかれば交代のタイミングもわかりますし、選手一人ひとりの動きと特性が明確になり、戦略検討にも非常に有効なデータとなります。

実際にラグビー日本代表は２００９年から高精度な測位情報を用いたトレーニングを開始しており、２０１９年にはラグビーワールドカップで史上初のベスト8入りという快挙を実現しました。宙畑ではそのトレーニングの裏側について、慶應義塾大学大学院の神武直彦教授とＲＷＣ２０１９ラグビー日本代表Ｓ＆Ｃコーチを務めた太田千尋さんにもインタビューを行い、最先端の技術を活用して、スポーツが強くなるという実例が日本から生まれていることに非常に感動したことを覚えています。

さらに、スポーツにおける高精度な測位情報の利用はチームスポーツに限りません。トライアスロンやヨットといった海で行うスポーツでも非常に面白い事例が生まれ始めています。これまで、海を活用したスポーツはスタート地点でこそ選手の姿が見えますが、スタートしてからゴール地点に帰ってくるまで、選手同士でどこでどのような競争が起きているかを正確に知ることはできません。

そこで、位置情報がわかるデバイスを選手一人ひとりにつけて、選手の位置を1秒毎に送信することで、会場で応援する観覧者に、海上の状況を臨場感たっぷりに伝えることができるサービスも存在します。

今後、スポーツ観戦の在り方も変える可能性があるという意味でも非常に面白い事例です。

ALL ABOUT THE SPACE BUSINESS

6 自動運転のカギを握るのは位置情報

ここまで、GNSSの原理とすでに利用されている事例を紹介しました。最後に、今後のGNSSの位置情報の精度が上がった先にどのような未来が待っているか、私がこれまでの取材やイベントを通して面白かった事例を紹介します。

ひとつは、自動運転車と、信号や踏切といった地上全体の交通機関関連設備の同期です。すでにアメリカでは一部の地域で自動運転車の公道実証が拡大しており、日本でも限られた場所（広いキャンパスを持つ大学構内や直線道路）で、運転手がいない、システムにほとんどのコントロールをゆだねた自動車の走行実証が始まっています。

そして、交通機関関連設備との同期はそのさらに先にある世界です。それは、自動車の位置情報と信号や踏切の稼働の情報も正確な時刻情報と同期させることによって、車に乗って目的地を指定さえすれば何もせずに目的地に到着でき、さらに他の交通機関との同期もできているので、渋滞すらなくなるという世界です。

この構想は一般財団法人日本情報経済社会推進協会（JIPDEC）の坂下哲也さんが「みちびき」について学ぶ勉強会で話されていたのですが「『車が走る』ではなく『地上が動く』感覚になる」と話されており、とても印象的でした。車に乗って目的地さえ入れてしまえば、ほとんど止まらずに、何もせずとも目的地に到着できているというのはまるで魔法のように感じてしまうかもしれませんね。

さらに、現在、Ashirase（あしらせ）という、靴に取り付けることで、足元の振動で右に行くのか、左に行くのかなどを知らせ、目的地へと案内が可能なデバイスがすでに発売されています。この仕組みにはみちびきの補正情報が活用されており、安全な移動を支えています。一般自動車や交通機関がすべて自動化されたシステムで動くようになると、視覚障がい者や車いすの方にとって、移動がより安全な世界となり、バリアフリーの観点でも非常に進化した街づくりが可能となるでしょう。

また、一般自動車だけでなく、農機や除雪車、建設現場で活躍する重機といった「はたらく車」の進化も非常に期待されています。農機については、すでに北海道のような大規模な農場で導入が進んでおり、農家の心強い味方となっているようです。「下町ロケット」という宇宙産業を題材としたドラマにも登場し、雨の日の夜でも農機が稼働して台風前に収穫を間に合わせるという描写がありました。

除雪車についても、大雪の中、人が運転して除雪を行うということは命にもかかわる危険な作業です。もしも除雪車に乗らずとも除雪するべき場所を自動で判断し、最適なルートまでも予測できるようになれば、雪の多い都道府県に住む方にとっては非常にうれしい技術革新となるでしょう。

位置情報の精度が上がった先に期待される未来は、本書では語りきれないほどあるのですが、最後にひとつだけ、幅広い事例創出が期待されている分野を紹介します。

それは、ドローン利用の拡大です。すでに農業の世界では農薬散布をドローンが行うなどの活用が進んでいますが、自動化されることにより、農家の仕事のさらなる省力化が期待できます。ほかにも、現在ドローンが行っている点検業務や測量業務なども自動化されることにより、少子高齢化が進む未来においてありがたい存在となるでしょう。

また、ドローンの活躍が期待されるのは平常時だけではありません。災害時に道路が断絶してしまった際に、特定の家に薬や水といった必要な物資を届けるドローンがあれば、守ることができる命も増えることでしょう。

以上、第3章では測位衛星とそのビジネス、展望についてまとめました。位置情報は、現代に生きる私たちにとって欠かせないものであり、すでに様々な産業での利用が進んでいます。今後も技術革新が期待される中で、読者の皆様の生活がどのように変わっていくのか、ぜひ妄想してみてください。

ALL ABOUT THE SPACE BUSINESS COLUMN

複数種類の衛星の掛け算で生まれるイノベーション

本書では、通信衛星ビジネス、測位衛星ビジネス、地球観測衛星ビジネスと章を分けて、衛星の種類ごとに事例を紹介していますが、複数の人工衛星を組み合わせて利用することによって生まれる事例も多くあります。

例えば、ラグビー日本代表のトレーニングに位置情報が利用されていることを紹介しましたが、それを見たとある畜産農家の方から、「私が育てる牛の位置情報がわかるようにならないか」と話があり、山で放牧して育てる牛に位置情報の受信機をつける取り組みが生まれたそうです。

もともと、牛を放牧地で育てる場合、それぞれの牛がどの程度運動をしたのか、放牧地の草を食べたのかがわからない、また、牛がどこにいるかわからなくなってしまうという課題があったそうです。

そこで、牛の一頭一頭に位置情報を把握するデバイスをつけることによって、牛がどこにいるのかはもちろんのこと、どのくらい運動したのかを把握することが可能になります。また、地球観測衛星のデータを確認することで、どの程度放牧地の草を食べたのかがわかり、いつ、放牧地のエリアを移動すべきかの判断も可能となります。

さらに、多くの人や物の位置が一斉にわかるというメリットだけでなく、特定の問題が発生した場所を必要な人に迅速に伝える取り組みも増えています。

日本が打ち上げる準天頂衛星「みちびき」には、位置情報を得るための電波を発信するだけではなく、災害危機管理のメッセージを送信する機能も備わっており、測位衛星としての役割もあれば、通信衛星と似たような役割を担うことも可能です。

これらの仕組みを利用した新しいサービス「地球みまもりプラットフォーム」構想を推進しているのが、日本人なら知らない人の方が少ないだろう、ソニーです。ソニーはエンタメ事業やゲーム事業のイメージが強いかもしれませんが、多様な事業を展開しており、高精度測位を可能とするＧＮＳＳ受信機や情報収集のための通信を実現するＬＴＥデバイス、省電力で収集した情報の分析を行えるデバイスの開発も行っています。

衛星技術に加えて、これらのソニーの技術を総動員してプロジェクトが進められているのが「異変の予兆を捉え、人々が知ることで、サステナビリティにつながる行動を人々に促す」ことを目的とした地球みまもりプラットフォームです。

タイで行われた実証実験では、森林火災の発生時に、どこで森林火災が起きたのかを、即座に位置情報と合わせて、地元の住民や消防隊といった必要な方に伝えることができるかを試されました。これまでは山深い森林や、街から離れた場所では電話も通じず、電源もないといった状態でしたが、衛星通信があることで通信手段が確保できるほか、省電力なデバイスを開発することで、より長く、安定した安全機能を提供することができます。また、今後は森林火災だけではなく、水害といった様々な自然災害に対応することが想定されています。

ちなみに、牛に位置情報の受信機をつける取り組みは、ニュージーランドからもぜひ使いたい！　と話があったことを、本プロジェクトに関わる慶應義塾大学の神武先生が話されていました。また、地球みまもりプラットフォームについても、宙畑が取材の機会をいただいた際には「東南アジア諸国全域での課題意識を持ってプラットフォームの取り組みを広げていきたい」と話されていました。

人工衛星は地球全体を覆うように配備されているからこそ、日本で生まれたプロジェクトであっても、地球全体に適用できるというのが宇宙ビジネスならではの非常に面白いポイントです。

第4章

宇宙飛行士の視点から学ぶ地球観測ビジネスの世界

Chapter 4 :
The World of Earth Observation Business

ALL ABOUT THE SPACE BUSINESS

1 宇宙飛行士が見た地球の変化

「宇宙はまだ美しいが、最初の宇宙飛行と比較して徐々に極地の氷河が溶けていることが明確に見えている。これは危険な兆候であり、私たちは地球規模の沸騰状態にある。そして、私たちは素晴らしい地球環境を大切にしなければならないというサインである」

これは、２０２４年10月にイタリア・ミラノで開催された国際的なカンファレンスで宇宙飛行士の野口聡一さんが「宇宙飛行の経験の中で、気候変動の影響による地球の表面や大気の明らかな変化を観察したことはありますか？」と問われた際の回答です。

宇宙飛行士が15人並ぶという、とても豪華なイベントでした

野口さんは、２００５年に最初の宇宙飛行を経験し、２００９年にも宇宙飛行、直近では２０２０年にスペースXが開発した新型宇宙船「クルードラゴン」に搭乗しての宇宙飛行を経験されています。何度も宇宙を訪れているからこそ、その目で直接地球の悲しい変化を感じられている野口さんの言葉は非常に力強く、そしてその危機感がひしひしと伝わりました。

また、同じ場にいたＥＳＡ（欧州の宇宙機関）の宇宙飛行士、ルカ・パルミターノさんもまた、複数のＩＳＳ滞在の経験で、アマゾンの綺麗な緑一面の景色が森林火災や開拓によってなくなっていく様子が明らかだったと地球の変化を話しました。

このように、地球は少しずつ変化してい

ます。しかしながら、私たちは宇宙飛行士のように宇宙から直接、地球の状況を把握することはできません。

ただ、宇宙に行かずとも、地球の変化を把握する手段を人類はすでに手にしています。それが、地球観測衛星です。

そして、おそらく日本に住むほぼ全員が地球観測衛星の恩恵を受けています。それが天気予報です。今、天気予報において、2・5分ごとに一度という高頻度で宇宙から観測された日本近辺の気象情報は欠かせないものとなっています。

その情報を届けてくれる気象衛星の名前は「ひまわり」です。一度はその名前を聞いたことがある方も多いのではないでしょうか?

「ひまわり」は1977年に初号機が打ち上げられ、現在は8号機と9号機が宇宙空間に配備されています。2機あることで、どちらかが壊れたとしても、私たちは気象情報を得られる状態となっています。

もしも「ひまわり」がなければ、豪雨や竜巻をもたらす積乱雲の発達の様子や台風の位置を正確に捉えることが難しく、甚大な被害をもたらす自然災害の予測精度が著しく低くなってしまうでしょう。

また、地上で取得した詳細なデータと「ひまわり」が取得した、地上では取れない海上の風速情報なども含む広範囲なデータを分析することで、日本の天気予報の精度は非常に高いものとなっています。以前、宙畑でＮＨＫの天気予報コーナーで気象キャスターとして活躍されている斉田季実治さんにお話をうかがった際に「気象予報の精度について、翌日に雨が降るか降らないかの適中率は、前日の夕方時点の天気予報で全国平均で85％を超えるくらいにはなっている。東京の精度検証で、２０２２年の東京は88％だったが、１９７５年は80％を切っていた」と教えていただきました。

そして現在、ひまわり10号機の開発計画も進んでおり、線状降水帯や台風の進路予測の精度向上が期待されています。今後もひまわりやそのほか地上のデータ解析技術の進化により、天気予報の精度はどんどん向上していくことでしょう。

また、通信衛星が静止軌道にあったものと、スターリンクのような低軌道を飛んでいる衛星が存在したように、地球観測衛星にも様々な軌道を飛んでいる衛星があります。

気象衛星「ひまわり」は、２・５分ごとに一度、日本近辺の状況を観測できているということからわかるように、常にその場にとどまっている（ように動いている）静止軌道に配備されています。

そして、本書で宇宙ビジネスの世界としてビジネスチャンスがあるとお伝えしたいのは、「ひまわり」が飛んでいる軌道よりももっと地球に近い場所を飛んでいる低軌道の地球観

図　解像度は記録する素子の細かさ

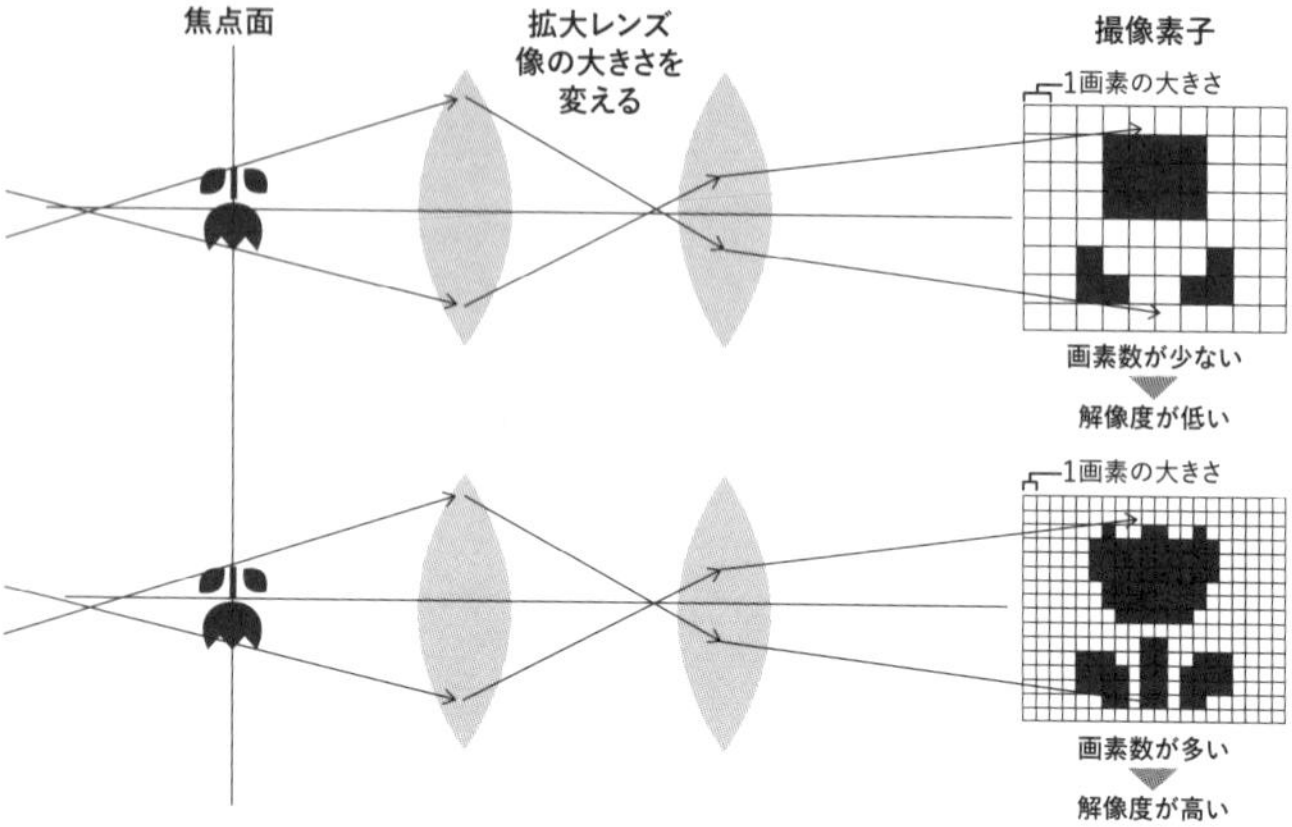

出典：宙畑 owned by Tellus

測衛星が取得したデータです。

低軌道の地球観測衛星は「ひまわり」ほど高頻度に日本近辺の情報を観測して送ることはできないものの、地球により近い場所を飛んでいるため、より詳細な地球の変化を捉えることができます。

どのくらい詳細な地球の変化を捉えられるかというと、最も高性能な衛星の場合、人間の視力1・0を基準にするとその500倍以上の視力で、宇宙から車の数はもちろんのこと、ビーチにいる人の影も捉えることができます。

宇宙飛行士目線、もしくはそれ以上の目を持って、私たちは地球の変化を捉える技術をすでに手にしているのです。

また、地球観測衛星がどれだけ細かいモ

図　解像度と見えるもの

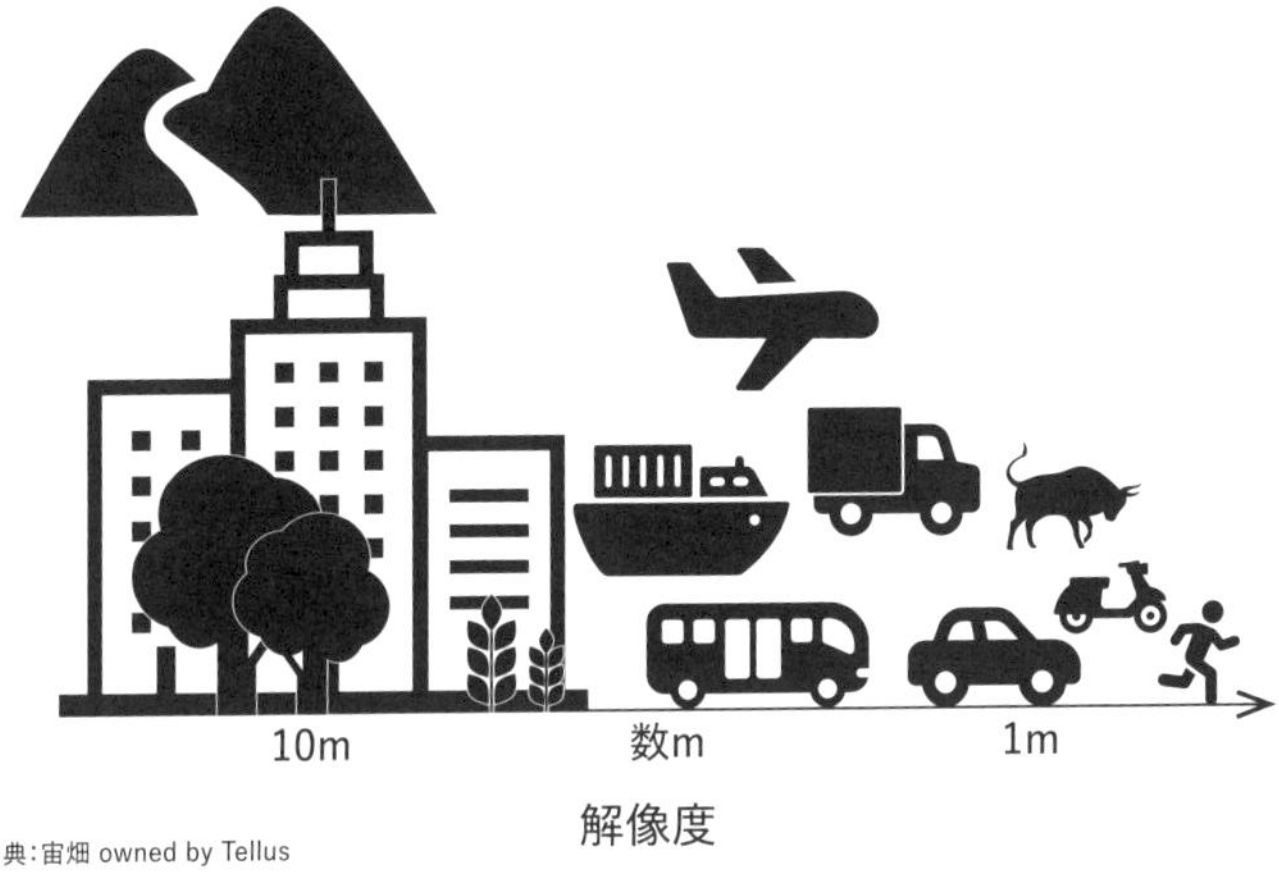

出典：宙畑 owned by Tellus

ノを把握できるかを表す指標として解像度という言葉があります。地球観測衛星の分野における解像度とは、最終的なデータとして、１画素あたりの地表面上での一辺の長さがどれほどかを表す値となっています。

ALL ABOUT THE SPACE BUSINESS

2

地球観測衛星のトレンドと衛星データの6つの強み

日本にも地球観測衛星を開発する企業は多く存在しており、三菱電機やNEC、キヤノン電子といった電機メーカーや、アクセルスペース、アークエッジ・スペース、QPS研究所、Synspectiveといったスタートアップ企業が並びます。

そして、地球観測衛星のトレンドとして、低軌道に配備される小型の地球観測衛星は今後も増え続ける予測です。

本書の冒頭で紹介した宇宙戦略基金でも「商業衛星コンステレーション構築加速化」という技術開発テーマがあり、このテーマには950億円と言う大規模な予算が割り当てられています。コンステレーションとは、スターリンクの仕組みのところでも紹介しましたが、複数の衛星を宇宙空間に配備し、1機の衛星では実現できない複合的なサービスを提供する仕組みです。

すでにアメリカのPlanet Labs（以下プラネット）という会社は200機を超える衛星を宇宙空間に配備しています。

通信衛星では、衛星コンステレーションを構築することで、高速で低遅延のインターネット環境を提供することに成功していることを紹介しました。地球観測衛星のコンステレーションにおいても、考え方は似ており、多くの衛星を打ち上げることによって、特定の場所を高頻度で撮影することが可能となります。例えば、200機の衛星コンステレーションを構築しているプラネットの場合、全地球のどの地点であっても1日1回以上撮影が可能となっています。さらに、プラネットはPelicanという新型の衛星を開発し、30機の打ち上げ計画を進めており、Pelicanは解像度が30ｃｍで車の向きもわかるほど。

つまり、地球全球を、毎日の頻度で、車の向きもわかるレベルでスキャン可能な技術を人類は手に入れようとしているのです。

このように、地球観測衛星が撮影したデータのことを「衛星データ」と本書では表現しますが、私は、衛星データには「越境性」「周期性」「均質性」「抗たん性」「遡及性」「多様性」という6つの強みがあると考えています。

「越境性（広域性）」とは、国境に関係なく、地上の状態を、広範囲に把握ができるという強みです。宇宙には領海や領空のような国境はありません。一度宇宙に打ち上げたら、その寿命が尽きるまでずっと地球の上空を飛び続け、任意の場所で撮影が可能です。また、一度に把握できる面積もドローンや航空機と比較して非常に広範囲となっています。

「周期性」とは、定期的に撮影ができるという強みです。当たり前だと思われてしまうかもしれませんが、定期的に同じ場所を撮り続けるということは地上では非常に難しいことです。これまでは観測の必要があるたびに飛行機を飛ばしたり、ドローンを飛ばしたり、人が見回りに行っていたものが衛星が定期的に見回りをしてくれるのです。

「均質性」とは、データの質が一定であり、比較がしやすいという強みです。定期的に見回りをしてくれると言っても、データがばらけていては比較もできません。多くの地球観測衛星は、特定の場所を撮影する際に常に太陽の位置が同じになるような軌道を飛んでいます。そのため、地上での補正も比較的楽にでき、均質なデータでの比較が可能となっています。そのようなことができると最初に思いついた人は天才に違いありません。

「抗たん性」とは、地上で地震やゲリラ豪雨のような自然災害が発生しても稼働できるという強みです。地球観測衛星は宇宙を飛んでおり、地上の災害が発生した時でも地上がどのような状態になっているかを観測することができます。そのため、災害時の緊急観測を行って道路の状態や洪水の発生状況を確認し、真っ先に助けが必要な場所の把握にも役立てられています。

「遡及可能性」とは、過去に撮影した衛星データも、アーカイブを遡って解析できるという強みです。航空観測やドローンのデータであれば、分析したいと思い立ったその日からデータの蓄積を始めることになりますが、衛星データの場合は定期的にデータを撮影しては蓄積しているので、過去に遡って解析が可能となります。

最後の「多様性」とは、取得できる衛星データの種類が非常に多様で、様々な切り口から解析ができるという強みです。多様性については、次の節で詳細に紹介します。

ALL ABOUT THE SPACE BUSINESS

3

地球がここまで丸裸に……50年間磨き続けた人類の叡智《えいち》

安全保障用途での地球観測衛星（偵察衛星と言われることも）を除けば、地球観測衛星の歴史は、１９７２年のＮＡＳＡの「Landsat-1」から始まりました。それから50年という月日をかけて、人間は様々なセンサとあらゆる手段を用いて地球を理解しようと努めてきました。

例えば、人間の視力の５００倍以上という性能を持つ地球観測衛星が存在することはすでに紹介した通りですが、実は、地球観測衛星は私たち人間が見ることのできる可視光の世界以外の、人間が肉眼では把握できない世界も理解できるセンサを搭載しています。

１つ目は、光学センサとも呼ばれる、光の特性を利用した地球観測を紹介します。光学センサを理解するうえで、光の色は混ぜれば混ぜるほど白に近づく、赤・緑・青の混ぜる割合で様々な色を作り出すことができるといった、中学理科で習う「光の3原色」を思い出してみてください。

人間は、太陽の光や部屋の明かりを反射した物体を見て、そこにどんな色の、何があるのかを理解しています。例えば、りんごが赤色と理解できるのは、りんごが緑と青の光を吸収しやすく、赤い光を反射する特性を持っているためです。また、バナナが黄色と理解できるのは、青の光を吸収しやすく、赤と緑の光を反射する特性を持っているためです。

そして、地球観測衛星では、赤色の外にある近赤外線といった人間が見ることができない光も観測することができます。

今後、何度か出てくるので専門用語をご紹介します。地球観測衛星では、観測できる光の種類をバンド（波長帯）と呼び、設計の時点で、いくつの、どのバンドを計測するのかを決めています。例えば、近赤外、赤、緑、青の光を観測できる衛星は4バンドとなります。

図　バンドの組み合わせで見えるものが違う？

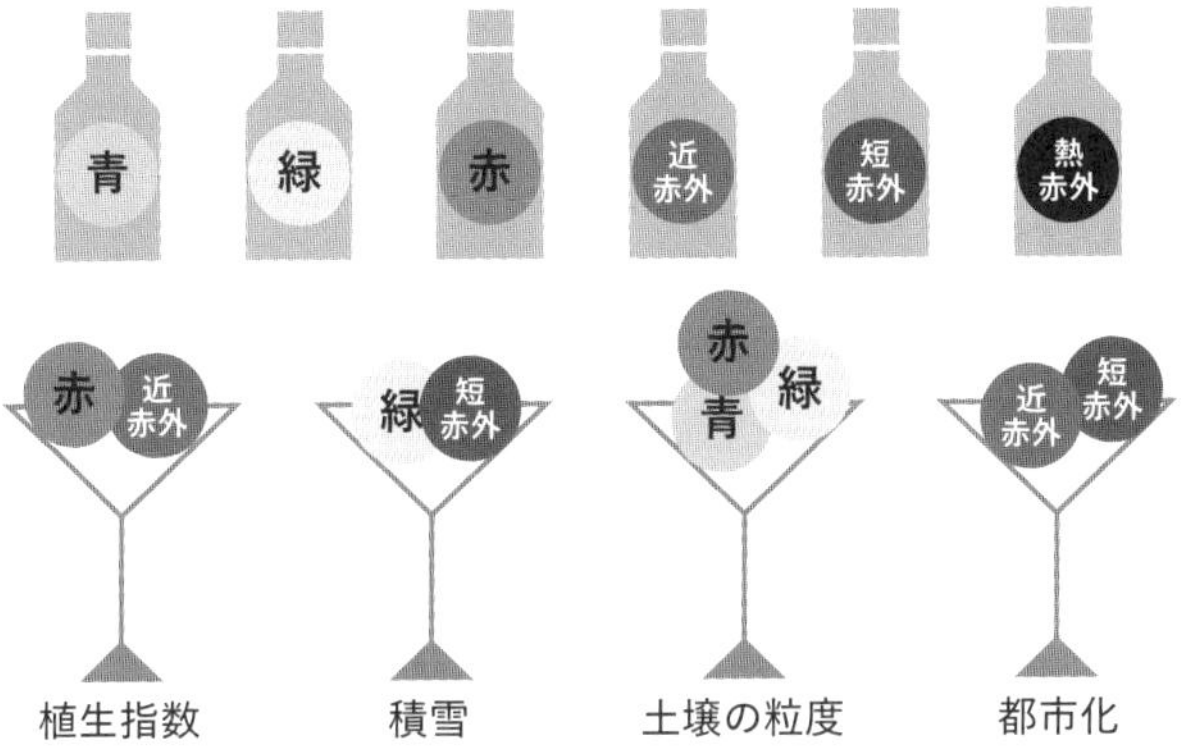

出典：宙畑 owned by Tellus

近赤外線は、植物が強く反射する特性を持っています。この特性を利用して、赤と青の波長が反射されて紫になるように、赤と近赤外線のバンドの反射率を計算して稲の収穫時期を把握するといった事例も存在します。また、バンドの組み合わせによって、雲と雪を見分けられたり、水のある場所を可視化するといった指標もあります。上の図は、バンドの組み合わせで観測したいものを把握できることをカクテルづくりに例えたものです。

さらに、近年はハイパースペクトルセンサといって、バンド数が100を超えるような地球観測衛星も宇宙に打ち上がり始め、鉱物の効率的な発見という用途ではすでに活躍しているほか、小麦とケシ（大麻の原料）を宇宙から見分けることができるようになるといった期待も高まっています。モデルのアンミカさんが「白は200色ある」と話されていましたが、同じように赤、青、緑、そして近赤外の波長もより詳しく分解して観測することによって地球のあらゆる情報を理解することが可能となります。

また、光学センサの場合は、観測したいエリアに雲があると地上の状態を把握することができません。そこで、雲があっても地上の状態を把握できるSAR（合成開口レーダー）と呼ばれる技術があります。

SARセンサで取得した衛星データは、妊婦さんのお腹の中にいる胎児の成長を見るためのエコー結果のような見た目で、光学センサほど見てわかりやすいデータではありません。ただ、天候が荒れて雲が出ているときに地上の状況を把握したい場合には非常に有用なデータとなります。

そして、SARセンサにも人間の知恵がこれでもかと詰め込まれています。

まず、レーダーとは、自らが電波を送信し、その電波の反射を受信することで知りたい場所の状況を把握することができる技術です。測位衛星の仕組みのところで、電波が届くまでの時間を計測して距離を推定すると紹介したことを思い出していただくと、わかりやすいかもしれません。

測位衛星の場合は、受信機が衛星からの電波を受信して、複数機の衛星までの距離をそれぞれ推定し、自分がどこにいるかを把握することができました。その点、レーダーの場合は自らが電波を送信する側でもあり、受信も行います。電波の往復の距離で、電波を送信した先に、どのくらいの距離に何があるのかを理解することが可能となります。

大きなアンテナであればあるほど、ビーム角（電波が広がる角度）を鋭くすることができ、解像度が良くなります。ただし、電波は対象物までの距離が遠くなればなるほど、幅が広がり解像度が悪くなります。

どれくらい悪くなるかと言うと、高度７００ｋｍから解像度10ｍの観測を実現しようとすると、15ｋｍ以上もの大きなアンテナを宇宙に持っていく必要があります。富士山の標高が約４ｋｍ弱なので、だいたい富士山４つ分の長さのアンテナが必要です。現代の技術ではそれは不可能だと想像しやすいのではないでしょうか。

そこで、疑似的に複数のアンテナを合成し、あたかもひとつの大きなアンテナがあるように見立てて観測する技術がＳＡＲです。そして、ＳＡＲの世界には、地面の隆起や沈下の状況が数ｍｍ〜数ｃｍという精度でわかる干渉ＳＡＲという解析技術もあります。宇宙から、地上にいる人間でも気づくことができないだろう変化がわかるというのは、文字だけでは信じがたいかもしれませんね。

疑似的に合成すると言葉でいうのは簡単ですが、１秒間に数千回の電波を送信して、受信する技術、ドップラー効果や衛星の位置を正確にシミュレーションして１枚の絵にする技術など、人間はここまでできるのかと感動する技術がＳＡＲには詰まっています。宙畑でＳＡＲの原理について一緒に記事を制作した方は、もともとは大学では数学を専攻し、ＡＩベンチャーでのキャリアを経て、ＳＡＲ解析を行っている方なのですが、ＳＡＲに詰め込まれた技術に感動してどっぷりとＳＡＲの世界にはまられています。

また、先に紹介した光学センサやＳＡＲセンサ以外にも、光を衛星自らが送信してその反射を把握することで樹木の高さや風速を把握できるライダーや、太陽の光を浴びて暖められた対象物などから放射される熱赤外線を捉えることができる熱赤外センサ、地表面や大気から自然に放射されているマイクロ波を捉えることで海面の温度、大気の水蒸気量、降水量を知ることができるマイクロ波放射計など、宇宙から把握できないことはないのではないか？　と思えるくらいには様々なデータを衛星から取得することが可能になっています。

以上、地球観測衛星のセンサの多様性について紹介しました。宇宙を観測する際も「見えないものを見よう」として、人間は望遠鏡を作りましたが、地球を観測する際にも「見えないものを見る」ために人間は様々な衛星を開発してきました。そして、今後も地球を知るための様々なセンサの開発が計画されています。

次節以降は、衛星データの活用事例とその展望をまとめました。衛星データはそのほかの衛星ビジネス同様、あらゆる産業で活用されています。ぜひ、企業にお勤めの方は、自社でどのような事例を生み出すことができそうか、妄想しながら読んでいただけますと幸いです。

ALL ABOUT THE SPACE BUSINESS

4

米、小麦、トマト……衛星データ産農作物が当たり前の世界へ

まずは、身近な衛星データの活用事例を紹介します。現在、一次産業における衛星データの活用が徐々に広がっています。もしかしたら普段皆さんが食べているものは、衛星データを活用して育てられた野菜や魚かもしれません。

例えば、実際に、衛星データを活用して育てられているお米があります。そのひとつが、青森県で育てられ、日本穀物検定協会食味ランキングにおいて、青森県初の最高評価「特A」を受けた銘柄「青天の霹靂」です。青天の霹靂は平成29年度の第3回宇宙開発利用大賞にて、農林水産大臣賞も受賞しています。

また、小麦の生育にも衛星データが活用されています。山口県では、給食で出されるパンはすべて山口県産の小麦から作られており、山口県産の小麦の品質を上げるために、衛星データを分析して、圃場《ほじょう》ごとにどの程度の肥料をまくとよいかを判断しています。その

結果、県域全体で小麦を販売する製粉会社から求められる基準の12%を超える成果を出すことに成功。この技術を提供するアグリライト研究所の方から「農家の方は農地の場所が番号で頭の中に入っており、衛星データの結果を上から見た地図情報のように見るよりも、エクセルのような表形式でデータをお渡ししたほうが使っていただきやすい場合もあるなど、衛星データの見せ方にも衛星データの解析会社は工夫が必要である」とうかがったお話は非常に興味深かったです。

さらに、衛星データを利用されている65歳を超えた農家の方が「これ当たるんよ」と、まだ衛星データを利用していない農家の方に説明するシーンもあったそうです。宇宙から農地の状態がわかると言われても、多くの方にとっては本当に当たるのか？　と利用に至るまでの信用が得られづらいのが衛星データの課題のひとつです。ちなみに、私の父方の祖父母は熊本の河内という場所で美味しいみかんを育てています。一度帰省した際に衛星データを見てもらったことがありますが「なんや敵が見とるんか」と言われました(笑)。その点、65歳を超えた農家の方が衛星データを「当たる」と話されているのは非常に大きな一歩だと考えています。

農作物の生育において衛星データを活用しているのは、地方自治体だけではありません。例えば、ケチャップやトマトソースで有名なカゴメは、ＮＥＣと衛星データ活用の実証実験を行い、ポルトガルにおける加工用トマト栽培の生産量を増やすことに成功しました。現在は両社で新会社「DXAS Agricultural Technology LDA（ディクサス　アグリカルチュラル　テクノロジー）」を設立し、そのノウハウを海外展開しています。

もともと、ポルトガルという日本から離れた土地のトマト栽培において、農家によってその収量に差が出てしまう課題があったそう。そこで、ベテラン農家がどのような行動をしているかを、衛星データと合わせて把握した営農システムを開発しました。その結果、新米農家であっても、一定の収量を出せるようになり、検証事業では、平均よりも30％多い収量を確保でき、肥料の投入量も20％減らすことができたことで、コスト削減にもつながる結果となったそうです。

一次産業における技術継承に衛星データが活用されている事例は農業だけではありません。漁業においても技術継承のために衛星データ利活用が進んでいます。過去の天気、漁獲量、漁場が記された漁業日誌と過去の衛星データをかけ合わせることによって、その日の状況をもとに、どこに行けば、必要な漁獲量を満たせるかを推測できるサービスがすでにいくつか存在しています。漁業においてはベテランの漁師の勘と経験がまだまだ活きているというお話も取材でいただきましたが、新米の漁師にとっては、ベテラン漁師の思考を理解するための参考データとしても活用されているようです。

このように、衛星データを利用することによって、肥料や燃料費の抑制によるコスト削減、生産量の向上、品質の向上につながり、ベテラン農家やベテラン漁師からの技術継承の支援にもつながっている事例が生まれています。特に、日本のように少子高齢化が加速し、一次産業に従事する農家や漁師の方が減り続けている今、衛星データのように広範囲の状況を一度に把握し、効率的な営農支援や漁業支援を行えるツールの需要は今後も拡大していくでしょう。

カゴメのように自社で圃場《ほじょう》を持っていない食品関係企業でも衛星データを活用する事例が生まれ始めています。その一例が、日清食品HDです。日清食品HDは、カップヌードルや日清焼そばU.F.O.といった、即席めんの製造と販売を行っており、即席めん業界では売上第1位の会社です。

日清食品で、即席めんを製造する際に、一度めんを油で揚げる工程があり、そこで利用しているのはパーム油です。パーム油のもととなるアブラヤシは、主にインドネシアやマレーシアといった熱帯地域で栽培され、一部の農園は熱帯雨林の破壊、生態系の破壊、泥炭地火災による温室効果ガスの排出、農園労働者の人権侵害などの問題を抱えていることが指摘されています。そのため、パーム油の持続可能な調達に日清食品は積極的に取り組んでいます。

その一環として、現在、パーム油を納入している可能性がある搾油工場とその周辺のエリアで森林・泥炭地破壊リスクを検出・分析するために衛星データが活用されています。近年、日清食品ＨＤが発行する統合報告書では衛星データを活用した森林監視の記載が続いています。また、パーム油は日清食品ＨＤのような食品企業だけでなく、資生堂やＫＯＳＥといった化粧品ブランドも化粧品を製造するために使用しています。

そして、パーム油以外にも、森林破壊や生物多様性の損失が危惧されるような原料の調達を削減する動きが、持続可能性の観点から企業の社会的責任として叫ばれるようになっています。

また、農業由来の温室効果ガス（ＧＨＧ）排出量・炭素除去量算定にも衛星データの利用事例があります。例えば、農業分野での衛星データ利用事例を多く保有するサグリは、キリンホールディングスに対してサプライチェーンにおける農地の炭素貯留量予測サービスの提供を開始したことを発表。大麦の供給業者とも協業し、ビールの原料である大麦を栽培する農地における炭素貯留量の予測を実施しています。

このように、広範囲に遠隔地の情報を、定期的かつ客観的に得られる衛星データは、その評価ツールとしても、今後の活用拡大が期待されます。

ALL ABOUT THE SPACE BUSINESS

5

保険会社や電力会社、広告代理店も？　実はここにも衛星データ

続いて、農作物や食品のような私たちに身近な分野だけではなく、実はここにも衛星データが使われ始めているという事例を紹介します。

まず、国土交通省、農林水産省、環境省といった日本の行政機関、様々な地方自治体での衛星データの利用が積極的になっています。象徴的なのは、日本政府が２０２４年度からの3年間を、国内スタートアップ等が提供する衛星データを関係府省で積極調達・利用する「民間衛星の活用拡大期間」として定めたことです。

内閣府の宇宙開発戦略推進室で衛星データ利活用推進に携わる吉田邦伸参事官からは「内閣府・経産省などの実証予算で動かしていたフェーズから、衛星データ利用の裾野が

広がることと合わせて、各省庁の実務的な予算を用いて動かすフェーズへと変わりつつある」と教えていただきました。

今、日本は少子高齢化の加速が深刻な社会課題となっています。具体的には、日本人の65歳以上の人口は全体の約30％となっている一方で、2024年の日本人の出生数は70万人を割る見通しとなっています。

この傾向が続く場合、前節で紹介したような一次産業に関わる人口が減っていくことはもちろんのこと、その他、道の整備や、橋や河川といった普段は意識しないものの、実は人の監視と管理によって、守られている重要なインフラに関わる人口も減っていくことが懸念されています。人が減っても、守るべき日本の国土面積が減ることはありません。そのため、1人当たりの管理面積が増えてしまい、第4節で紹介したような良質かつ安定した食料の生産はもちろんのこと、いつでもどこでも道路が安全であるという当たり前の状態を守るための管理もできなくなってしまうかもしれないのです。そうなる前に対策を行う必要があり、そこで期待されているのが衛星データの利用です。

例えば、２０１６年に発生した、幅30ｍ、深さ15ｍの穴が突然出現した博多駅前通りの陥没事故を覚えている方も多いかもしれません。事故前から事故が発生するまでの衛星データを確認すると、予兆となるような変化が発生していたことがわかりました。このような予兆を、人が見回りをせずとも、宇宙からわかるのであれば、宇宙から危ない場所に目を付け、予兆がある場所のみ人が見回りに行くという形で、持続的に日本の国土を守れる体制を組むことができます。無理をして人がくまなくすべての場所を見回るよりも現実的でしょう。

他にも、農地の転作や耕作放棄地の把握、固定資産税把握のための現況調査といった点検業務で衛星データの利用が進んでいます。

農地の転作確認については、南相馬市で衛星データの利用が進んでいます。ちなみに、現場で作業の効率化に当たる方に、衛星データ利用などを推進しているモチベーションをうかがうと「17時15分に退勤して、家族と幸せな時間をもっと過ごしたい」という非常に素敵な理由を教えていただきました。少子高齢化という現実的に迫っている日本全体のマクロな課題を解決をしなければならないという国として進める動機、南相馬市のご担当者のような、ひとりの人としての幸せを増やす動機のいずれにも衛星データが活躍できるということに、非常に胸が熱くなりました。

また、水道管の修繕や管路更新、漏水の調査のように、専門的な知識やスキルが必要な点検作業であれば、その職人の人口減少も大きな不安の種となっており、その課題はより深刻です。そこで、天地人という日本の宇宙ベンチャーが、衛星データに加えて、環境に関する様々なデータ、水道管路情報や漏水履歴等の様々な情報を組み合わせ、ＡＩを駆使することで、漏水リスクの確認ができるサービスを開発し、様々な地方自治体で導入が進んでいます。

また、民間企業でも活用がどんどん進んでおり、あらゆる産業において、衛星データの活用が進んでいます。

例えば、保険会社による衛星データの活用が加速しています。ＳＯＭＰＯＨＤは、干ばつリスクに対応した「天候インデックス保険」を、ミャンマーの中央乾燥地帯における米農家とゴマ農家に提供するために、衛星データを活用しています。天候インデックス保険とは、天候指標が、事前に定めた一定条件を満たした場合に定額の保険金を支払う保険商品で、天候に売上が左右されやすい農家にとっては、セーフティーネットとして機能します。ミャンマーの事例では、地球観測衛星から推定された雨量データを活用することで、干ばつの発生状況を把握して保険金支払いの有無を決めているようです。

また、東京海上日動火災保険は、大規模な豪雨による洪水被害が発生した際に、保険金を支払うレベルの浸水被害があったであろう、優先的に現地ヒアリングに行くべきエリアを衛星データから推測する技術を導入しています。これにより、困っている人から順に保険金を迅速に支払えるようになります。

このような、豪雨などにより発生した洪水の範囲や深さがわかるデータがより精度高く、高頻度になることが期待される注目の発表が２０２４年10月にありました。それは、トヨタ自動車と衛星データ解析システムの開発を手がけるスペースシフトとが連携し、車両のプローブ情報（個々の自動車が実際に走行した位置や走行速度など、車両から得られる様々な情報）と衛星データの解析結果を組み合わせた技術開発を行っているということです。

車両のプローブ情報でわからない広範囲の浸水予測は衛星データで、衛星データでは取得できない高頻度なデータはプローブデータで、相互に補完をすることが可能となります。リリースには「通れない可能性がある道路に関する情報を提供することで、災害時の安全な避難経路の提示、災害復旧支援にあたる際の計画への活用、都市のレジリエンス強化に貢献します」とも記載があり、保険金支払いの迅速化以外にも様々な用途で私たちの生活が豊かになる可能性を秘めている衛星データの活用方法です。

また、電力会社による衛星データの活用も進んでいます。第3章でも、電力会社は大規模な停電が起こらないように電力の需要と供給のバランスを常に一定に保つ必要があると紹介しました。従来の発電方式である火力、原子力、水力については、発電量の予測が容易、または、コントロールができるのですが、太陽光発電は雲の動きに左右されるため予測が困難です。そこで、関西電力では、太陽光発電の発電量を予測するために、衛星データから取得した雲の情報を用いています。

さらに、衛星データを用いて、太陽光発電のパネルが設置できる屋根を持つ家を判定し、太陽光発電のポテンシャルを算出するといった事例が、イタリアで行われた２０２４年のＩＡＣ（国際宇宙会議）のＤＬＲ（ドイツの宇宙機関）のブースで展示されていました。ほかにも、風速データを衛星から取得して、風力発電所の建設候補地を調べるなど、再生エネルギーの発電量を増やすための衛星データ活用が進んでいます。

また、第４節で農作物の生育状況の把握に衛星データの活用事例が増えていることを紹介しました。農家視点で見ると、自分の圃場で育てる農作物の生育をより良くしたいという活用法になりますが、実は、農作物の生育を見たいのは農家だけではありません。金融機関や広告会社も農作物の生育状況の把握のために衛星データを活用している事例があります。

衛星データは、地球全球の状況を数値化できます。例えば、地球全体で小麦がどの程度育てられているのか、日本全体で特定の野菜がどれだけ育てられ、収穫されそうかといったことの推定も可能です。金融機関は、これらのデータを先物取引を行う上での参考データとして活用しています。

広告会社大手の電通は群馬県の嬬恋村農業協同組合（ＪＡ嬬恋村）、国立研究開発法人

宇宙航空研究開発機構（ＪＡＸＡ）と共同で「人工衛星データ活用による広告の高度化を通じた需給連携事業」と題して、衛星データを活用してキャベツの生産地とその生育、収穫の状況からキャベツの収穫量を予測することにより、その供給量にあわせてキャベツや、調味料などのキャベツ関連商材の広告宣伝や店頭での販売促進といったプロモーションに活用できないかという取り組みを推進しています。

ほかにも、ＪＩＣＡが新興国に発電所を政府開発援助で建設をしたのち、その評価のために夜の衛星データを見て、実際に光が増えているかを確認したという事例もありました。夜の光を撮影した衛星データはＧＤＰとの相関があるといった研究結果もあり、眺めているだけでも面白い衛星データです。

様々な産業や用途で利用が進んでいるとわかる顕著な数字や事例を挙げると、ＮＴＴデータとリモート・センシング技術センター（ＲＥＳＴＥＣ）が共同開発した、ＪＡＸＡやその他民間企業の衛星データをもとにした地球上の全ての陸地の起伏を表現したデジタル３Ｄ地図「ＡＷ３Ｄ」は、累計でなんと４０００を超えるプロダクトが生まれているそう。無線の電波伝搬解析シミュレーション（携帯電話用の基地局をどこに建設するとよいか）や、森林資源の把握、都市計画など、幅広い業界で利用されています。

さらに、ＮＴＴデータは、２０２４年７月に新会社Marble Visions（マーブルビジョンズ）を設立し、ユーザーニーズを取り入れた衛星の開発・整備にも事業を拡大するなど、今後の展開が注目される企業の１社です。

また、ＡＩベンチャーとして２０２３年に上場し、衛星データ解析サービスも提供するRidge-iは、内閣府が主催する宇宙開発利用大賞において、第４回は経済産業大臣賞、第５回で環境大臣賞、第６回には国土交通大臣賞と、日本を担う重要な行政機関からの受賞をしています。

このようにあらゆる産業で活用事例が生まれていることから、近年は衛星データを活用した地球のデジタルツインを作るプロジェクトや、ＡＩを活用してより多くの方が専門的な知識がなくとも触れるようなプラットフォームの構築に、各国・各企業が野心的に取り組んでいます。

宙畑では、本書だけでは紹介しきれなかった衛星データ活用事例をたくさん掲載しています。また、日本では衛星地球観測コンソーシアム（ＣＯＮＳＥＯ）が２０２２年に設立され、産学官が集って地球観測に関する議論が活発になされているほか、衛星データに関する様々なイベントや学びの機会が提供されています。

本書を読んで少しでも地球観測衛星について気になった方は、ぜひ宙畑やＣＯＮＳＥＯのＨＰを訪れてみてください。

ALL ABOUT THE SPACE BUSINESS

6 無料の衛星データが暮らしを変える

現在、アメリカのLandsatシリーズ、そして、ＥＵではCopernicusと名付けられたプログラムのもとで運用されるSentinelシリーズの衛星データは無料で配布されています。

余談ですが、無料の衛星データと有料で購入する必要がある商用の衛星データの大きな違いは解像度です。無料の衛星データは解像度が良くても１０ｍで、それ以上に解像度が良いものはほとんどが有料になると考えていただけると良いでしょう。

そのうえで、有料の衛星データを国が購入し、民間企業や地方自治体、研究者が利用することで、衛星データの解析技術向上や事例創出を狙った政府施策が各国に存在します。

例えば、ＮＡＳＡは、プラネットが販売する商用の衛星データを購入し、約30万人の研究者が無料で利用できる仕組みも構築しています。日本においても、２０１９年に衛星データプラットフォームTellusが経済産業省主導で開発され、衛星データのオープン化と利用拡大の機運が高まっています。現在、一部の地域では経済産業省が一定量のデータを買い上げて衛星データを活用したい地方自治体や企業に無料で活用してもらうといった支援事業が行われています。

また、冒頭で紹介した日本の宇宙戦略基金においても、2024年の第1期に「衛星データ利用システム海外実証（フィージビリティスタディ）」という技術開発テーマの公募がありました。カゴメがポルトガルのトマト農園で衛星データの利用を行っているように、海外での衛星データ利用事例を増やすための公募です。

この公募では5億円の予算が設定されており、大企業の場合は事業総額の2分の1を補助、中小企業やスタートアップであれば事業総額の3分の2の補助を行うこととなっていました。つまり、一定の持ち出しが必要にはなりますが、最大で1億円を超える補助金を出してでも、人工衛星を活用した社会課題の解決につながる事例創出を国が進めたいという意思がこの公募から汲み取れます。

なぜ、これほどまでに各国が衛星データの利用を推進しているのでしょうか。それは、衛星データが持つ潜在的な価値とその活用がもたらす経済的・社会的な効果への期待です。

すでに紹介したように、衛星データは様々な産業で、課題解決や新規事業を生み出すツールとして有用です。また、今後も地球観測衛星の機数が増え、取得できるデータが増えることが予測されており、できることの幅も広がるでしょう。

さらに、経済的な効果だけではなく、社会的な効果という観点では、持続可能な社会づくりの側面での利用が期待されています。衛星データは地球規模での環境監視や資源管理に不可欠な情報となりつつあります。近年では、地上の森林や田畑の状態といった地物《ちぶつ》の情報だけでなく、水蒸気量や温室効果ガスの濃度といった大気の情報も地球全球で把握することが可能となっています。気候変動の影響を把握することは、長期的なリスクを把握することはもちろんのこと、短期的には異常気象や自然災害への早期対応を可能にします。

また、経済的価値、社会的価値と言ってしまうと非常に堅くなってしまうのですが、もっと楽しい方向に衛星データが利用されるのも未来の宇宙ビジネスの在り方かもしれません。

例えば、日本のスペースデータという企業は、衛星データと３ＤＣＧ技術を活用してバーチャル空間に現実そっくりのデジタルツインを自動生成するＡＩ技術を開発しています。そして、そのデジタルツインは自動運転車のシミュレーションのために使われるといった経済的な価値にもつながるのはもちろんのこと、総プレイヤー数5億人以上、月間アクティブユーザー数7000万人を誇るFortnite（フォートナイト）というメタバースプラットフォームでも利用されています。

日本は、ゲーム、漫画、アニメ……と非常に強いエンタメコンテンツを保有している国でもあります。地球デジタルツインとエンタメコンテンツのかけ合わせも、今後日本から生まれる可能性のある楽しみな宇宙ビジネスのひとつです。

ちなみに、個人でも衛星データを触って遊ぶことができます。私自身、宙畑の企画として衛星データを解析して魚がいそうな場所を探して実際に釣ってみたら大漁だったり、星が綺麗に見える場所ややまびこが綺麗に返ってくる場所を探してみたりしました。宙畑で非常によく読まれた企画として「衛星データで恋人を探す」という記事もありました。

「宇宙から地球の変化を観測できるデータ」と言うと、遠い話のように聞こえてしまいますが、衛星データは、様々な産業や行政の課題解決や新しい価値に変換できる可能性のある技術です。あとは、技術をビジネスに昇華するため、利用をしていただく各企業、各個人に衛星データの有用性に気づいていただき、使いたいと思っていただけるサービスの開発を突き詰めていく。それが今の地球観測ビジネスの現在地です。

ALL ABOUT THE SPACE BUSINESS COLUMN

人類が手にした地球丸ごと健康診断ツール

プラネタリーバウンダリー、プラネタリーヘルスという言葉を聞いたことがありますか？

プラネタリーバウンダリーとは、地球という惑星において、人類が持続的に生存できる領域とその境界を示し、具体的に9つの項目で定義した概念です。少し難しい言葉を使ってしまいましたが、（1）気候変動（2）大気エアロゾルの負荷（3）成層圏オゾンの破壊（4）海洋酸性化（5）淡水変化（6）土地利用の変化（7）生物圏の一体性（8）窒素・リンの生物地球化学的循環（9）新規化学物質という9つの項目それぞれについて、地球の限界を知る指標が定められています。ちなみに、すでに海洋酸性化、オゾン層の破壊、大気汚染（未計測）以外の6つの項目において安全域を超えていることがわかっています。

以前、環境省の方にインタビューでお話をうかがった際に「日本には四季があり、暑い夏が来た後に、寒い冬が来ることを繰り返しているので、毎年少しずつ地球が温暖化していることには気づきにくい」と教えていただきました。ただ、温室効果ガスの増加は、異常気象の要因にもなっており、局所的な雨が増えたと実感している方も多いのではないでしょうか？

実際に、環境省が打ち上げたGOSATというシリーズ衛星では、温室効果ガスの観測を地球全球で行っており、データを時系列に並べてみると、明らかに温室効果ガスが右肩上がりに各地域で増えていることが観測できています。

そして、温室効果ガスに限らず、プラネタリーバウンダリーの項目として掲げられている様々な指標において、人間が普通に生きていては気づけない地球の変化を人工衛星は観測し、評価することができます。人間が観測機器を定期的に現地に持っていく必要もなければ、人間が気軽に入れないような場所も含めた、地球全球での観測が可能なのです。

地球観測衛星は、地球の環境を守るうえで欠かせない、地球の健康診断ツールと言っても過言ではないでしょう。

また、環境問題は今を生きる人にとってどれほど重要なのか、なかなか想像しづらいという方も多いのではないかと思います。私もそのひとりです。ただ、プラネタリーヘルスという言葉を知ってから、環境問題に取り組むことが少しだけ自分にとって身近なものとなりました。

プラネタリーヘルスは、地球の環境変化が人々の健康にも影響を及ぼしていることが明らかになっている中で、「人の健康と地球の健康にまつわる問題を一体的にとらえて対策を打つ」という考え方です。

例えば、大気汚染の影響によって1年間に亡くなった方の数は600万人を超えるという研究結果や、大気汚染がひどい地域に住む人はコロナウイルスの死亡率が高くなるといった研究結果があります。また、地球温暖化によって、感染症の媒介となる蚊の生息域が広がるリスクも近年騒がれています。

このような人と地球の健康を一体的にとらえる考え方をヘルスケア・ライフサイエンス分野でイノベーションに取り組む人たちが集まるコミュニティで登壇の機会をいただきお話しした際に、参加していた医師の方から言われて非常に印象に残ったことがあります。それは「住んでいる環境が特定の疾患リスクを高めるということはまだまだ研究の余地がある。そして、そのような原因が解明されていない難しい病気が衛星データを活用した研究によって明らかになるとよい」というコメントでした。

たしかに、幼少期に緑地が少ない環境で育つと精神疾患リスクが高くなることや、近所に緑地があるか否かで認知症発症リスクが変化するといった研究結果もあります。また、鉄道を新設したことによって、車移動が減り、大気汚染が軽減された結果、それによって守られた健康被害の想定額は、鉄道の新設がもたらした経済効果よりも大きくなったといった研究結果もありました。

このように、環境と私たちの健康は、目には見えないところでたしかにつながっています。

宇宙飛行士の向井千秋さんは「NEDO Challenge, Satellite Data for Green Earth」という、衛星データを活用したソリューション開発の懸賞金付きコンテストの最終選考会で登壇された際に「宇宙に行った際に、パンデミック・感染症や気候変動など、人類共通の多くの課題に気づくことができた」と話されていました。

地球観測衛星という、地球を観測し、評価するツールを持った今、私たちも地球を理解し、保護することが私たちの生活を守ることにつながると考えて行動することができるようになりました。ぜひ、地球の健康診断ができるツールとして、今後の地球観測衛星がどのように活躍するかにも注目いただけると嬉しいです。

第5章

ロケットから学ぶ宇宙インフラの世界

Chapter 5 :

The World of Space Infrastructure

ALL ABOUT THE SPACE BUSINESS

1

今、宇宙に物を運ぶ手段はロケットしかない

第4章まで、宇宙ビジネスの市場規模の大部分を占める人工衛星によって生み出されるビジネスを紹介しました。本章では、人工衛星を宇宙に運ぶロケットをはじめとした輸送ビジネスと人工衛星と通信するために欠かせない地上局ビジネスについて紹介します。冒頭で宇宙への輸送ビジネスが占める産業の市場規模は小さいと紹介しましたが、輸送手段がないと、宇宙ビジネスは成り立ちません。

また、輸送手段といっても、人類が衛星や探査機を宇宙に運ぶ手段は現時点でロケットしかありません。もしも人類がロケットを失ってしまったら、これまでに紹介した人工衛星を新たに打ち上げることができず、天気予報も、位置情報も得られなくなってしまいます。

そのうえで、スペースXの活躍ぶりを見ると、ロケット開発に多額の税金を各国が投下

してまで保有し、スペースX以外の企業がロケット開発を行う意味はあるのか？　と思われる方もいらっしゃるかもしれません。

自国でロケットを開発して任意の人工衛星を打ち上げられなくなるということは、海外に宇宙とのアクセスを依存することになります。万が一そのような状態になると、安全保障上、機密性の高い衛星を海外のロケットに搭載しなければならなくなったり、最悪の場合、打ち上げを拒否されてしまう可能性もあります。

それだけ宇宙ビジネスを進めるうえでロケットは重要なものとなっているため、各国が自国でロケットを開発し、打ち上げる技術の進化にしのぎを削り、技術継承が途絶えないように尽力しています。

以前、ＴＯＫＹＯ ＭＸの「田村淳の訊きたい放題」というテレビ番組に出演の機会をいただいた際に「20年に一度は0から1を作るような開発をしなければ、ベテランのエンジニアが引退してしまった途端にロケット開発技術が途絶えてしまう」という話をしたところ、ＭＣの田村淳さんが即座に「伊勢神宮の式年遷宮と同じですね」とコメントされました。

式年遷宮とは１３００年にわたって伊勢神宮で繰り返されてきた「20年に一度、宮処を改め、古例のままに社殿や御装束神宝をはじめすべてを新しくして、大御神に新宮へお遷りいただく」という神宮最大のお祭りです。その結果として、唯一《ゆいいつ》神明《しんめい》造《づくり》という建築技術が現在にまで受け継がれ、いつでも新しく、いつまでも変わらない伊勢神宮の姿を私たちは目にすることができています。

田村淳さんの返しのうまさにただただ驚くばかりですが、まさに、ロケットは、日本で技術継承を途絶えさせてはならない、現代の重要な技術となっています。

そして、その技術継承の手段は、国が主導して開発を進める方式が宇宙開発時代だとすれば、宇宙ビジネス時代は民間企業がビジネスとしてロケットを開発し、人工衛星を打ち上げたいお客様を見つけて打ち上げるという事業を推進することで、経済的にも自立した持続性の担保が期待されています。

その顕著な成功例が、スペースXでした。第1章で紹介したように、NASAの「COTS」と呼ばれる民間宇宙ベンチャー企業の育成プログラムが、スペースXのロケット開発の礎となり、今ではNASAがスペースXの顧客にもなりながら、スペースXは日本の宇宙企業を含む様々な国の、様々な企業からの依頼を受けて、多くの人工衛星を宇宙に運び続けています。

そして、スペースXの場合、スターリンクの衛星も自社のロケットで打ち上げています。つまり、当たり前ですが、ロケットの打ち上げコストはロケットの開発にかかる原価と燃料代のみで、普段お客様に販売する価格よりも格段に安くなります。

逆に、日本の衛星が海外のロケットで打ち上げられるということは、本来、日本のロケットで打ち上げられれば、日本に税金として納められる可能性のあったお金が海外に流れているということにもなります。そのような経済的な側面を考えても、日本に競争力のあるロケットが存在することは非常に重要です。ちなみに、日本の新型基幹ロケットＨ３については、海外顧客として２０２７年以降にフランスの衛星通信大手ユーテルサットの衛星打ち上げ、２０２８年には、ＵＡＥ宇宙庁が計画する小惑星帯探査ミッションでの打ち上げ合意が行われています。

ALL ABOUT THE SPACE BUSINESS

2

衛星数の急増と今後の市場規模予測

実際に、ロケットの打ち上げ数は昔と比較して増えているのでしょうか？

宇宙ビジネスが成長産業と言われているのだから、打ち上げ回数や宇宙に打ち上げられる衛星の数が増えていないとおかしいですよね。

では、10年前と比較して、ロケットの打ち上げ回数と衛星の打ち上げ機数は何倍になっていると思いますか？

正解は、２０１３年のロケット打ち上げ機数が77回、打ち上がった衛星の数が２１３機だったことに対し、２０２３年のロケット打ち上げ数は２１２回、打ち上がった衛星の数は２９４８機でした。つまり、直近の10年間で、ロケットの打ち上げ数は約3倍、衛星の打ち上げ機数は約14倍となっています。

ロケットの打ち上げ数よりも打ち上がった衛星の数のほうが多いのは、衛星の小型化が進み、主にスターリンクのような衛星コンステレーション構築を目的とした打ち上げが増えていることが要因です。衛星の打ち上げに関するレポートを読むと、スターリンクの衛星打ち上げ機数を抜いたグラフも作られているなど、スターリンクが宇宙業界に与えているインパクトの大きさがうかがえます。ちなみに、スターリンクの打ち上げ機数を除いたとしても、ロケットの打ち上げ数、打ち上げられた衛星の数はともに増えています。

今後もスペースXだけではなく、通信衛星コンステレーションを構築したい多くの企業が衛星を大規模に打ち上げるようになります。また、地球観測衛星のコンステレーションを新たに構築する計画を発表している企業も多く、今後、新たに衛星を打ち上げたいと考える新規の企業も増えていくでしょう。宇宙旅客輸送推進協議会の調査によると、２０２０年度に宇宙に運ばれた物量は27トンだったことに対して、２０４０年度には、18万トンにまで増えることが予想されています。

また、これからの未来、ロケットが打ち上げるのは人工衛星や探査機といった物だけではありません。今後、宇宙に行く人の数も大幅に増えることが予測されています。なんと、

2020年度に宇宙に行った宇宙飛行士12人に対して、2040年度には宇宙を経由した移動を含めると780万人にまで大きく増えることが予想されています。日本で月面着陸船の事業を行うispaceは、2040年代までに1000人が月面に居住し、年間1万人が月に訪れる世界を構想しています。20年後には、今、私たちが見ている宇宙ビジネスの世界は、まったく違うものになっているかもしれません。

ただし、20年後であっても、人が月面に行くためのロケットをはじめとした宇宙への輸送手段が必要なことは変わらないでしょう。宇宙輸送の市場規模は、2020年度の1・1兆円から、2040年には16兆円と、約15倍の成長が想定されています。ちなみに、そのうちの約13%は、地上から月近傍、月面、月以遠への輸送と予想されています。

ALL ABOUT THE SPACE BUSINESS

3 ロケットビジネスで日本が有利な理由

宇宙輸送の市場規模が20年で約15倍になると紹介しましたが、この市場規模は海外で輸送ビジネスを展開している企業との顧客の奪い合いでもあります。それこそスペースXが手掛けるビジネスとの勝負になります。圧倒的にスペースXが先頭を走っているようにも思えますが、日本に勝機はあるのでしょうか？

日本の勝機のひとつは、南と東が開けている島国であるという地理的な特性です。これは、ロケットを打ち上げる射場の条件として、非常に有利なのです。

まず、「打ち上げた方角に人家や他国をさけ安全を確保する」ために、打ち上げる方角には何もない状態であることが求められます。

そのうえで、ロケットは東向きに打ち上げることで、特に静止軌道や静止軌道以上に遠くに衛星や探査機を運びたい際に「地球の自転を利用する」ことができるため、燃料費の削減につながり、顧客が打ち上げに支払う料金も下げられるようになります。また、南向きに開けていると、主に地球観測衛星が利用したい軌道に運びやすくなるというメリットがあります。

つまり、日本は、顧客の人工衛星の種類と目的に応じて、ロケットの打ち上げが東側にも、南側にも可能であるというメリットをすでに持っています。そのため、日本では、北海道の大樹町、和歌山県の串本町など、これまでJAXAのロケットを打ち上げていた鹿児島県の種子島や肝付町の射場以外にも、複数の地域でロケット射場の整備が進んでいます。同様に、オーストラリアも面積は違えど、1つの国で東側も、南側も開いていることから射場の整備を国が力を入れて推進しています。地の利を持つ各国が未来のロケット打ち上げ需要を好機ととらえ、競い合っています。

また、日本の宇宙ベンチャーが現在開発を進めるロケットは、スペースXのロケットと比較すると小型です。

「大は小をかねる」という言葉が日本にはあるように、大型ロケットのほうが載せられる衛星の大きさも選べ、小型の衛星を大量に運べるメリットがあると思われる方も多いでしょう。

ただし、大型ロケットで小型衛星を打ち上げる場合、ライドシェアと呼ばれる大型の衛星や他社の小型衛星と相乗りするような形で打ち上げることが一般的です。その場合、たしかにコストは安くなるのですが、打ち上げの予定を自社の衛星の都合だけに合わせることはできず、調整も長期間となります。同様の理由から衛星を射場に運んでから実際に打ち上がるまでの期間も長くなってしまいます。

一方で、小型ロケットは、大型ロケットのライドシェアでの打ち上げよりもコストはかさみますが、小型衛星を打ち上げたい顧客の要望にある程度柔軟に応えることが可能です。

ちなみに、打ち上げのコストは、2022年1月時点で、スペースXのライドシェアを利用すると、1kgあたり5000ドルであるのに対し、小型ロケットベンチャーのリードランナーであるRocket Labのロケットを利用すると1kgあたり2万3000ドルと4倍以上の差があります。

そのうえで、近年、国が主導で開発するような大型衛星だけでなく、小型衛星の打ち上げ需要も増えています。小型ロケットが求められている象徴的な事例としては、日本の小型SAR衛星ベンチャーであるSynspectiveとRocket Labが2024年に、10機の衛星打ち上げを行うことに合意したという大きな発表がありました。小型衛星企業にとっては、スペースXのロケットだけがすべての需要を満たすわけではないという事例のひとつです。

スペースXは大型ロケットによる打ち上げを主力としており、小型衛星を所定の軌道に直接投入するサービスは限定的です。現在、日本でもインターステラテクノロジズ、将来宇宙輸送システム、スペースウォーカー、スペースワン、AstroX、PDエアロスペースといった多くの民間企業がロケットや宇宙機の開発を進めています。そして、すでに紹介した通り、日本ではロケットの打ち上げにおける地の利があり、新たな宇宙港の整備が進んでいます。さらに、日本は自動車産業が強く、モノづくりという観点でもロケットエンジニアとなれるスキルを持った人材や企業が他国と比較して豊富にある国です。ロケットの製造に必要なモノづくりのスキルがあり、そして、小型衛星を打ち上げたい顧客にとって、柔軟なニーズをかなえられることに勝機があると考えられます。

2025年1月には、インターステラテクノロジズがトヨタグループの1社としてモビリティの変革をリードするウーブン・バイ・トヨタと資本および業務提携に合意。ウーブン・バイ・トヨタがリード投資家としてシリーズF ファーストクローズまでに約70億円をインターステラテクノロジズに出資することが決定したという非常に大きな発表がありました。

プレスリリースには「トヨタの知見を取り入れ、ロケットを低コストで高品質、量産可能なモノづくりに転換」といった記載もあり、日本がこれまでに継承し、培ったモノづくりの技術が、業界の壁を超えて日本産業全体をさらに成長させるかもしれないという期待が膨らみます。

そして、この勝機を活かすためには政府の支援も欠かせません。ロケットの技術開発については宇宙戦略基金やその他政府支援プログラムがあり、金銭的な補助が非常に増えています。また、技術開発のためのお金に加えて重要なのが、現状の宇宙ビジネス時代の実態にあった法整備です。今後は射場の建設やロケットの打ち上げに関するルールメイキングのスピードという観点も非常に重要な要素となっています。

実際に、宙畑でも取材の機会をいただいた、宇宙ビジネスの実務に精通した弁護士として活躍されているＴＭＩ総合法律事務所の新谷美保子さんは、日本の宇宙港のハブとして活動するSpace Port Japanの理事としても活躍されています。「日本にSpace Lawyerが文字通り一人もいなく、国益が損なわれかねない状況だ」と知って「私が日本で第一号になろう！」と奮起したエピソードは、その場にいた編集部全員が感銘を受け、取材後に私たちも頑張らねばと奮起したことをいまだに覚えています。

ALL ABOUT THE SPACE BUSINESS

4 ロケットに並ぶ新たな輸送手段は生まれるか？

現在、宇宙にモノやヒトを運ぶ手段はロケットしかないと紹介しました。では、今後も宇宙への輸送手段はロケットしかないのでしょうか？

もしかしたら宇宙エレベーターという言葉を聞いたことがある方もいらっしゃるかもしれません。他にも、気球や電磁カタパルト、ジェットエンジンといった他の方法を用いてロケットを成層圏まで持ってきて、そのあとロケットエンジンを点火するという方式も検討が進んでいます。これらは最終的にロケットエンジンを使用することに変わりはないのですが、ロケットの打ち上げに必要なパワーを節約するために使われるようなイメージです。

本節では、宇宙までの輸送手段について、その仕組みと技術開発の現状を紹介します。

まず、ロケットエンジンがそもそもどのように宇宙にモノやヒトを運ぶことができているのかを紹介します。ロケットが宇宙に飛ぶ仕組みは、非常にシンプルで「作用・反作用の法則」で宇宙まで飛んでいます。

誰もが人生で一度はジャンプをしたことがあると思います。では、ジャンプで高く飛ぶためには何が重要かを考えたことがありますか？　ジャンプで重要なのは「どれだけ大きな力を地面に加えられるか」です。

つまり、ジャンプの高さとは、地面に一瞬で与えられる力で決まります。そして、ジャンプは、一瞬の力を地面に加えることでできる動作ですが、爆発的な力を地面方向に与え続けることで宇宙まで飛んでいくことができるのがロケットです。

飛行機が空を飛ぶ仕組みでそのまま宇宙に行けないものか？　とも思ってしまいますが、飛行機が飛ぶためには空気の存在が不可欠です。

少し専門的な説明になってしまいますが、飛行機は翼の形状によって生み出される揚力を利用して飛行します。翼の上面と下面を流れる空気の速度差により圧力差が生じ、この圧力差が揚力となって機体を持ち上げます。また、飛行機で利用されるジェットエンジンも大気中の酸素を取り入れて燃料を燃焼させ、その反応で得られるガスを後方に噴射して推進力を得ています。

しかし、宇宙空間は真空であり、空気が存在しません。そのため、揚力を生み出すことができないうえに、酸素もないため、エンジンが作動しません。一方で、ロケットエンジンは燃料と酸化剤を機体の中に搭載しており、真空中でも燃焼が可能です。

このように、飛行機とロケットでは空を飛ぶ大きな機械である点で同じといっても、その原理はまったく異なります。飛行機は空気に依存して空を飛びますが、宇宙に行くためには空気に依存しない方法が必要です。それを可能にするのがロケットエンジンであり、現時点で宇宙にアクセスする唯一の輸送手段です。

ただ、ロケットは1回の打ち上げにかかるコストが高く、燃焼時に発生する有害物質による環境への影響も懸念されています。そのため、ロケット打ち上げのコスト削減や環境も考慮した改良、また、宇宙エレベーターといった様々な宇宙へのアクセス手段が検討されています。

まず、宇宙エレベーターは、地球の赤道上に設置された拠点から静止軌道上の特定のポイントまでケーブルを伸ばし、そのケーブルを昇降するエレベーターによって物資や人を運ぶというものです。

この方法は、一度インフラを整備すれば低コストで大量の輸送が可能であり、エネルギー効率も高いとされています。

しかし、地球から静止軌道までの約3万6000ｋｍに及ぶケーブルを製造・設置するには技術的な課題が多くあります。特に、ケーブルには極めて高い強度と軽量性が求められ、現代の素材では実現が困難です。また、安全保障の観点から、設置をするためには国際的な合意が必須であり、そのような点でも実現するためには非常に多くの乗り越えなければならないハードルがあります。

このように、宇宙エレベーターの建設には様々な課題があるものの、実現に向けて開発プロジェクトを立ち上げているのが日本の大手総合建設会社である大林組です。同社は２０１２年に宇宙エレベーター構想を発表して以来、今もなお宇宙エレベーターの建設に向けて取り組みを続けています。

早くとも完成は２０５０年となっており、まだまだ遠い未来の話ではありますが、今後の技術革新とともに実現し、より宇宙へのアクセスが安価に、楽になることが期待されます。

また、成層圏までロケットエンジンを使わずに上昇し、最終的に真空でも推力を得られるロケットエンジンを利用する方式での輸送手段は、いくつか実証が始まっています。

ひとつは、飛行機のように滑走路から離陸し、大気圏内ではジェットエンジンを使用し、高高度でロケットエンジンに切り替えて宇宙へ到達する方式の輸送手段を開発する企業もあります。この方式は再利用性が高く、コスト削減や環境負荷の低減が期待されます。日本ではＰＤエアロスペースが本方式での宇宙機開発を進めています。

また、気球で成層圏まで上昇し、その後、ロケットエンジンを点火するロックーン方式と呼ばれる打ち上げ方法もあります。本方式は日本でもAstroXが開発を進めています。

ほかにも、中国ではリニアモーターを用いた電磁カタパルト、アメリカではハンマー投げの要領で遠心力によってロケットを打ち上げようとする方式などの実証が進んでいます。これらの方法は、化学燃料を使用しないため環境負荷が低く、地上での加速によりエネルギー効率も向上することが期待されています。しかし、必要な加速度が非常に大きく、人間が耐えられるG（重力加速度）の限界を超える可能性があります。そのため、現時点では無人の貨物輸送に限定されるでしょう。

以上、ロケットが宇宙にモノやヒトを運ぶ仕組みと、それ以外の輸送手段の今について紹介しました。ロケット以外の宇宙輸送手段は多くの可能性を秘めていますが、現状は、技術的・経済的・社会的な課題もあり、少しずつ実証が進められているという状況にあります。

しかし、技術の進歩と新素材の開発などにより、将来的にはロケットに並ぶ、あるいはそれを超える輸送手段が登場する可能性があります。

宇宙へのアクセスがより手軽になれば、人類の活動範囲はさらに広がり、新たな発展が期待できます。

ALL ABOUT THE SPACE BUSINESS

5

縁の下の力持ち、衛星とつながる地上局が足りない？

本章ではロケットを主とした宇宙への輸送手段というインフラが主題となっていますが、それと同程度、もしくはそれ以上に、これがなければ宇宙ビジネスは成り立たないという非常に重要なインフラビジネスがあります。それが、地上局です。

衛星、そしてロケットがミッションを遂行するためには、地上との通信が不可欠です。地上局は、衛星やロケットから送られてくるデータを受信し、また衛星やロケットに指令を送信するための重要なインフラです。

この運用があって初めて、衛星やロケットの軌道制御や機器の状態監視、ミッションデータの取得などが可能となります。つまり、地上局は宇宙ビジネスのミッションを遂行するうえでのまさに「縁の下の力持ち」として、欠かすことのできない存在です。

しかし、近年の小型衛星の普及や宇宙ビジネスの急速な拡大に伴い、地上局の数が不足するかもしれないという課題が懸念されています。衛星が地球を周回する際、地上局の上空を通過する短時間にしか通信ができないため、衛星の数が増えるほどより多くの地上局が必要となります。しかし、地上局の設置や運用には高額なコストがかかるため、衛星企業1社のために専用の地上局を複数建設することは現実的ではありません。

この問題を解決するために注目されているのが、地上局シェアリングサービスです。これは既存の地上局を複数の衛星運用者で共有し、効率的に活用する仕組みです。この分野で先駆的な取り組みを日本で行っているのが、インフォステラです。

インフォステラは、衛星運用者が必要なときに必要なだけ地上局を利用できるプラットフォーム「StellarStation」を提供しています。これにより、衛星データのダウンロードや衛星への指示が容易になり、運用コストの削減と通信効率の向上が期待できる上に、地上局のオーナーにとっても、未使用の時間帯を他者に提供することで新たな収益源を得ることが可能です。

現在、駐車場のシェアリングサービス「akippa」や民宿のシェアリングサービス「Airbnb」がありますが、それらの地上局版と考えていただけると、イメージしやすいかもしれません。

ただ、地上局のシェアリングサービスだけでは、今後も急増するだろう衛星の運用需要を満たせなくなる懸念もあります。衛星機数を増やすことと合わせて、安定した運用を行うための地上局のインフラ整備も非常に重要です。

また、近年はサイバーセキュリティの観点でも、地上システムのサイバー攻撃対策に注目が集まっています。ここまで紹介した通り、位置情報や天気予報など、人工衛星は現代において非常に重要なインフラの一部となっています。もしも、人工衛星の制御システムが何らかの形でハッキングされた場合、多くの人の日常生活に悪影響となることが容易に想像できるでしょう。安全保障の観点でも非常に重要な取り組みであり、日本でも経済産業省がガイドラインをまとめるなど、対策強化が活発化しています。

ALL ABOUT THE SPACE BUSINESS

6 宇宙旅行はいくらかかる？

本章の最後に、宇宙旅行や高速二地点間輸送と呼ばれる、ロケットの仕組みを応用した新しいビジネスについて紹介します。本節では宇宙旅行の種類や移動手段としてのロケットについて整理をしていますので、人が宇宙で生活をする未来に興味がある方は、第７章をご覧ください。

宇宙旅行には、その高度と目的地に応じていくつかの種類があり、金額も大きく異なります。

まず、すでに実現している宇宙旅行は３種類あります。１つ目は、宇宙飛行士も滞在するＩＳＳへの宇宙旅行。２つ目は、ＩＳＳへの滞在はしないものの、ロケットで宇宙空間まで打ち上がり、宇宙船の中で数日間滞在、宇宙遊泳も経験して、地球に帰還するという宇宙旅行です。３つ目は、宇宙空間に1日以上滞在はできないものの、数分間の無重力を体験することができる小宇宙旅行とも呼べる宇宙旅行です。

ＩＳＳへの宇宙旅行は、民間の日本人として初めて前澤友作さんが２０２１年に12日間にわたって滞在し、YouTube配信や映画も制作されていたので、覚えている方も多いのではないでしょうか。前澤さんは、スペース・アドベンチャーズという宇宙旅行会社を利用し、ロシアのソユーズロケットでＩＳＳに向かいました。ＩＳＳに滞在をするため、前澤さんは約１００日間の特殊な訓練を受けて、宇宙旅行に臨みました。

宇宙旅行にかかった費用は明らかになっていませんが、宇宙に行くための費用だけで１人当たり５０００~６０００万ドル程度かかると言われています。また、すでに紹介した通り、ロケットは載せるものの重さによって料金が変わります。前澤さんはYouTubeや映画の撮影のために様々な物を宇宙に持っていかれていたので、その重さ分の料金もかかっていると予想されます。

また、2022年には、Axiom Space（アクシオム・スペース）がスペースXのロケットと宇宙船「クルードラゴン」を用いたISSへの宇宙旅行ミッションに成功しました。その際の費用は1人当たり5500万ドルと発表されていました。

ちなみに、ISSの滞在費用は1泊当たり3・5万ドルとの報道もあります。現在の為替だと日本円にして1泊約540万円と高額ですが、ロケットの料金と並べてみると安く見えてしまいますね。

そして、ISSに滞在しない形での宇宙旅行は、スペースXが2024年に非常に印象的な映像配信を行いながら実現したものです。この宇宙旅行では、民間人初の宇宙遊泳が行われ、最大高度1400kmというアポロ計画以降、有人宇宙船としては最も地球から離れた地点に到達した有人宇宙飛行となりました。本宇宙旅行の費用は明らかにされていません。

もうひとつの、小宇宙旅行と紹介した宇宙旅行は、80kmを超える高度まで上昇し、数分間の無重力体験ができるというものです。そして、現在この方式での宇宙旅行を提供しているのは、ヴァージン・ギャラクティックとブルーオリジンの2社となっています。

ヴァージン・ギャラクティックの場合は、航空機の下にくっついた、飛行機のような見た目の宇宙機に搭乗します。航空機が高度15kmまで上昇した後、宇宙機のロケットエンジンを点火して、高度80kmまで上昇します。その金額は、45万ドルとなっていました。現在、ヴァージンギャラクティックは新型の宇宙船を開発中で、2026年には毎月8回の宇宙旅行が行われる計画が立てられています。

また、ブルーオリジンは、アマゾンの創業者、ジェフ・ベソス氏が設立した会社です。ブルーオリジンの宇宙旅行では、垂直に打ち上げられるロケットを使用します。ロケットの上部には、乗客が登場するカプセルがあり、高度100kmを超えるとカプセルが切り離され、数分間の無重力体験を楽しむことができます。2021年にはジェフ・ベソス氏自身も宇宙旅行を楽しみ、話題となりました。現在のブルーオリジンの宇宙旅行の料金は正式に公表されていません。

ちなみに、日本でも、PDエアロスペースが有人宇宙旅行のための宇宙機開発を進めています。最新の資料によると価格は１人当たり３０００万円となっており、１回あたり５人の乗客で年間の打ち上げ回数は２１８回、搭乗率は92％で年間の売上は約３００億円になることを想定されています。

以上が、すでに民間人による宇宙旅行が実現した事例とその方式です。そのうえで、今後実現するだろう宇宙旅行としては、前澤さんが以前計画していたような月の周りをぐるっと1周してから地球に戻ってくる宇宙旅行や、月面に実際に滞在するような宇宙旅行が挙げられます。２０４０年代には月面に人が1万は訪れるというispaceの構想の通りになったとき、いったい何人が旅行者なのか、そしてそのお値段も非常に気になります。ちなみに、第8章でispaceの月面着陸船について紹介していますが、月面着陸船に乗せる荷物1ｋｇあたりの輸送価格は１５０万ドルとなっています。つまり、生命装置の必要性などもあるので値段がさらに増えることが予想されるため、50ｋｇの人間を運ぶ場合は７５００万ドルとなり、日本円にして約１１６億円となります。

ほかにも、宇宙空間の定義は、アメリカのＦＡＡという機関が定める定義であれば80ｋｍ以上、国際航空連盟という組織が定める定義であれば１００ｋｍ以上となっていますが、人が上空にあがり宇宙空間と感じられるような高度まで気球で上昇するという旅行事業を進める岩谷技研という企業が日本にあります。２０２４年7月には、日本で初めて、気球による有人飛行で過去最高となる最大到達高度２０８１６ｍの成層圏に到達しています。すでに最初のお客様も決まっており、商業運航に向けて準備が着々と進んでいるようです。料金は２４００万円とのこと。円安の今、日本円で宇宙旅行の価格が決まっているのは非常にありがたいですね。

さらに、ロケットの仕組みを宇宙に行くために利用するのではなく、地球内での大陸間の移動に利用する高速二地点間輸送というビジネスも、近年実現する期待が高まっています。もしも実現すれば、地球上のどこであっても90分以内に移動することができます。10時間以上もの時間をかけてヨーロッパに旅行に行くということもなくなるでしょう。ちなみに、高速二地点間輸送の料金は、将来的に現在のファーストクラスと同程度、２００万円ほどのチケット料金になることが期待されています。

以上、宇宙旅行と高速二地点間輸送について紹介しました。市場規模としては、２０４０年に宇宙旅行が10兆円規模、高速二地点間輸送が最大20兆円規模になることが予想されています。

ALL ABOUT THE SPACE BUSINESS COLUMN

スペースXの躍進から考える20年という時間の捉え方

本書のなかで、スペースXが何度も登場します。それほどに、現在の宇宙ビジネスにおいてスペースXが進める技術革新の速さと業界全体に与えるインパクトは驚異的です。

そして、さらに驚くべきは、スペースXの設立は2002年であり、初めてロケットの打ち上げに成功したのは2008年だということです。設立から今日に至るまでの期間は約20年です。

2024年11月、日本橋で開催された宇宙ビジネスのイベントでJAXAの名誉教授である稲谷芳文先生が「20年前に開催された宇宙業界の展示会でスペースXが出展していた際、テーブル1台に旗が1本立っているブースに若い男性が2人立っていて、『どういう会社なんだ？』と思っていたが、それが今はここまで大きな企業となっている。そのスケールで20年という期間を考え、未来を描かなければならない」と話されていたことが非常に印象に残っています。

そして、今もなおスペースXは最終目標である人類の火星移住を目指して、巨大な新型ロケットStarshipの開発を進めています。２０２４年10月には、一度宇宙空間まで到達したブースターを地上の特定の地点で、箸でつまむようにキャッチするという曲芸のような技術力を世界に披露しました。

20年という年月は、宇宙業界に限らず、多くの変化をもたらしてきました。例えば、Appleが最初のiPhoneを販売開始したのは２００７年のことであり、それまで1台あれば電話やメールはもちろんのこと、インターネットやゲーム、仕事までもできてしまうスマートフォンは存在していませんでした。携帯電話でテレビを視聴ができる「ワンセグ」のサービスが開始されたのも２００６年のことであり、現代のように、誰もが肌身離さずスマートフォンを持っているような時代ではありませんでした。

スマートフォンの登場によって人々の暮らしは大きく変わり、２０２３年の世界のモバイルアプリ開発市場規模は２４０４億ドルとも評価されています。もしも、電話とメールの機能だけであればここまでの市場規模は生まれなかったでしょう。

このように、20年という月日は、時代を変えるには十分な長さがあります。20年後の世界、どのような未来を期待しますか？

第6章

宇宙のゴミ掃除から学ぶ 軌道上サービスの世界

Chapter 6 :

The World of In-Orbit Servicing

ALL ABOUT THE SPACE BUSINESS

1 宇宙ゴミが問題になる理由

本章では、宇宙空間の人工衛星が急増する今、宇宙空間が持続的に使い続けられるために必要な「軌道上サービス」について整理しました。

みなさんは、宇宙ゴミ、または、デブリという言葉を聞いたことがありますか？

ＪＡＸＡのＨＰを見ると「軌道上にある不要な人工物体」と説明されています。具体的には、寿命が切れた衛星や故障してしまった衛星、昔のルールで打ち上げられた地上からはコントロールをすることができないロケットの上段、また、爆発や衝突により発生した破片等があります。

これらのデブリは、秒速７〜８ｋｍ程度で宇宙を周回しており、仮に２つの物体が正面から衝突してしまうと、その衝突速度は秒速14〜16ｋｍにもなります。ライフル銃の弾丸のスピードが秒速１ｋｍであることを考えると、その10倍ものスピードです。

たとえ１ｍｍ程度の宇宙ゴミであったとしても、当たりどころが悪ければ運用中の衛星の故障、１ｃｍ以上の宇宙ごみの場合、ミッション終了につながる致命的な破壊となる可能性があります。

衛星が壊れてしまうと、これまでに紹介したようなサービスを地上で享受できなくなってしまいます。そのため、地球の持続可能性も近年国際的な問題となっていますが、宇宙の持続性についても近年は重要なテーマとして国際的な議論が活発に行われています。

そして、宇宙ゴミを除去するリードランナーの1社として業界の注目を集めているのが、2024年6月に上場したアストロスケールという日本企業です。アストロスケールは、自社の紹介をする際に、宇宙のロードサービスを行う会社と説明しています。

地上では、事故が発生すればレッカー車がすぐに来て、故障車両や事故車両を運搬して、いつも通り車が走れるようになります。

しかしながら、宇宙では事故が起きたらその破片がちらばっても、現在の技術では散らばった破片を片付けることはできません。そのため、観測が可能な宇宙ゴミの位置を把握したうえで、ぶつかりそうな場合は運用可能な衛星を動かす必要があります。

そして、2023年12月時点で観測されている宇宙ゴミは約3万5千個。１ｃｍ以上では100万個、１ｍｍ以上は1・3億個以上と推定されています。

一般道に、弾丸よりも早いコントロールが不可能な無人の車が1・3億台走っていると考えたら恐怖でしかありません。だからこそ、今後も持続的に宇宙を利用するために、あらかじめ宇宙ゴミを出さないようにする技術と合わせて、能動的にデブリを除去する技術の重要性が近年高まっています。

つまり、軌道上サービスとは、宇宙空間で人工衛星が地球のため、また、時には宇宙探査や天文学のために安心して滞りなく活動し続けるために必要なサービスです。そして、その重要性は日に日に増しています。

ALL ABOUT THE SPACE BUSINESS

2 いつから宇宙ゴミ問題が顕在化したのか？

では、宇宙ゴミはいつ頃から国際的に解決すべき問題として話題にあがるようになったのでしょうか？

実は、宇宙ゴミ問題は昔からあり、意外にも宇宙開発初期から問題となっていました。その発端は1961年から1963年にかけてアメリカが行った「ウェスト・フォード計画」で、安定した通信手段を得るために約5億本の針を高度3500kmに打ち上げ、人工的な電離層を作ってしまおうという計画です。電離層とは、大気の上層にあり、電波を反射する性質のある層のこと。最終的にアメリカは人工的な電離層を作ることに成功しましたが、この計画はアメリカ以外の国から大きな批判を受けることとなりました。当時の宇宙空間は、研究開発のために何でもしてもよい実験場的な場所だったのかもしれませんね。

また、1978年には宇宙デブリが軌道上に増加するにつれ、デブリ同士が衝突することで自己増殖を繰り返すおそれが高まる「ケスラー・シンドローム」と名付けられた理論が提唱されました。この提唱者であるドナルド・J・ケスラー氏は、1976年に「宇宙デブリ ― 環境アセスメントの必要性 ―」と題された文章の中で、宇宙空間は将来的に人類が活動する重要な環境であり、安全に守られていくべきであることを訴えていました。

余談ですが、「ケスラー・シンドローム」という言葉は講談社から出版された幸村誠さんの『プラネテス』という漫画でも紹介されていたのでご存じの方もいらっしゃるかもしれません。2013年に幸村誠さんとケスラーさんが同じイベントで登壇されるという貴重な会があり、私はプラネテスの1巻を持っておふたりからサインをいただきました。ケスラーさんからは「Help keep space clean !」という言葉をいただきましたが、今、その言葉の重みが日に日に増していることを実感しています。

少し脱線してしまいましたが、先進国の宇宙機関の間で初めての宇宙ゴミに関する合意がなされたガイドラインができたのは２００２年のことでした。国際機関間スペースデブリ調整委員会（ＩＡＤＣ）で、低軌道での運用終了後の衛星等の扱いに関して、廃棄する場合は25年以内に運用中の衛星の邪魔にならない軌道（廃棄軌道、墓場軌道と言われることも）に移動することや寿命延長を行うことの記載がありました。

その後も、国際連合宇宙平和利用委員会が、宇宙ゴミの発生を防止するための「スペースデブリ低減ガイドライン」を２００７年に承認・提言を行いましたが、関係者に最大限可能な範囲での自主的な対策を取ることを求めるにとどまっており、法律的な罰則規定などはありませんでした。

そのような国際的な問題意識も高まるなかで、宇宙ゴミ問題は現実の問題として表面化し始めました。２００７年には中国が自国の衛星を弾道ミサイルで破壊して宇宙ゴミが発生したほか、２００９年には、アメリカの通信衛星にロシア衛星由来の宇宙ゴミが衝突し、国を跨いでの衝突事故として大きな問題となりました。

そして、２０２１年にも、ロシアが軍事衛星「Cosmos １４０８」の破壊実験を実施し、

1500個の宇宙ゴミが発生。アメリカからは、破壊実験により、今後も数十万個のデブリが発生する可能性やISSに滞在する宇宙飛行士に危険を及ぼすことを指摘する声明文が発表されました。

人工衛星が今後も急増する予測があるなか、少なくとも意図的な宇宙ゴミの発生は避けられるべきであり、そのうえで積極的に宇宙ゴミを減らす施策が求められています。

そのような背景もあってか、アストロスケールの代表取締役社長兼CEOの岡田光信さんは2024年6月に行われた上場後記者会見で「この2年で国際的なルール作りは変わってきた(加速してきた)」として二つの変化を紹介されました。ひとつは、アメリカの連邦通信委員会(FCC)が衛星の軌道離脱を25年から5年以内へと短縮(5年ルール)したこと、もうひとつは欧州宇宙機関(ESA)が中心となって「ゼロデブリ憲章(Zero Debris Charter)」を策定したことが挙げられます。

また、岡田さんは、ルール作りが加速した背景には「アストロスケールが国際的にみても世界的な標準となり得る技術を証明したこともある」「技術とルール作りは両輪のところがあり、どこまで技術があるからどこまでの規制やルールを作るという側面があり、私達が技術をどんどん前に進めていくことによって世界のルール作りというものも前進していく」と語られていました。

何ができるかが見えることで、ルールを作る側も自信を持ってルールに落とし込めるという考え方は非常に面白く、そして、宇宙ビジネスのように未知の世界がまだまだ多くある産業にとっては非常に重要な視点だと強く印象に残りました。

実際に、IAC 2024のテーマは「Responsible Space for Sustainability」となっており、持続可能性に関する議論が積極的に行われていたほか、国連やG7、世界経済フォーラムといった宇宙だけがメインのトピックでない世界的に著名な機関が、宇宙の持続可能性や安全利用に対しての提言を出すなど、宇宙ゴミを国際的な問題として対処していくべきという機運が非常に高まっています。その機運の裏側には、現在SDGsに掲げられているような地球上の持続可能性に関する問題は、一部手遅れとなってしまった問題もあり、そうなる前に宇宙はなんとか守らなければならないという思いもあるのかもしれません。

ALL ABOUT THE SPACE BUSINESS

3 宇宙ゴミを除去するための技術開発

では、実際に宇宙ゴミを除去するための技術開発はどこまで現実的なものとなっているのでしょうか？

現在、実際に存在する宇宙ゴミを除去できた事例は存在しませんが、除去できる一歩手前まできています。その実証を行った企業こそ、アストロスケールです。アストロスケールは、2021年にデブリ除去技術実証衛星を打ち上げ、衛星から模擬デブリを分離したのち、捕獲する実証に成功しました。

また、2024年には非協力物体とも言われる、外形や寸法などの情報が限られるほか、位置データの提供や姿勢制御などの協力が得られない宇宙ゴミのひとつであるロケットの上段に近づき、その周りをぐるっと一周するという世界初の偉業に成功しました。このミッションには続きがあり、周回観測を行ったことで、捕獲したいと想定していた場所が捕獲できる状態であることの確認も行っています。さらにはデブリから約15mの距離まで接近することにも成功しています。次のミッションでは、実際に宇宙ゴミの除去を行うこととなっています。

繰り返しになってしまいますが、宇宙ゴミは、秒速7～8km（時速にすると2万5000km超）というものすごいスピードで飛んでいます。高速道路で時速100kmで走っている車に近づき、その周囲をぐるりと回りながら撮影することや15mという距離まで接近することがどれほど難しいかをイメージいただけるとよいかもしれません。物理計算上当たり前ですが、人工衛星がその場にあることを肉眼で見ることはできません。物理計算によってそのようなアクロバティックな実証を成功させています。

このように、宇宙ゴミの除去に関する実証が次々と成功しているアストロスケールは、未来の軌道離脱のためのドッキングプレートを開発しています。互換性のある他社製のものも含めると、すでに数百機の衛星に搭載されているそうです。また、決算資料を見ると、2028年にはその数は潜在的な予測を含むと累積で3500機になるといった予測もありました。1機の宇宙ゴミとなってしまった衛星を除去することによる収益は800万〜1300万ドルとされており、顧客の衛星の寿命が5年から7年で、衛星の故障率は7〜8%と想定されていました。

また、宇宙ゴミの除去は、ドッキングプレートを用いた捕獲方法に限りません。同じく日本の会社で、スカパーJSATの新規事業からOrbital Lasers（オービタルレーザーズ）という会社が2024年に設立されました。

宇宙ゴミは、ものすごい速さで動いているだけではなく、回転もしています。そのため、オービタルレーザーズでは、社名にもレーザーとあるように、レーザーを利用してまず宇宙ゴミの回転を止めます。その後、回転を止めたまま、宇宙ゴミにレーザーを当て続けることで、大気圏に落とす計画です。2025年にレーザーを用いて回転を止める衛星の開発と販売を行い、2029年から宇宙ゴミを除去する衛星の販売を行う計画となっています。

ほかにも、海外ではClearSpace（クリアスペース）という企業が、ドッキングプレートやレーザーでもなく、複数本のロボットアームで宇宙ゴミを物理的に捕獲する方式での除去を行う衛星を開発しています。

このように、能動的に宇宙ゴミを除去する技術実証は、着実に進展しており、先に述べたようなルールメイキングを行ううえでの根拠ともなっています。

アストロスケールの事例を見ると、実際に民間需要としてドッキングプレートを搭載する衛星が増えていることから、宇宙ゴミの除去がビジネスにもなっていることがうかがえます。

ちなみに、地上ではゴミの処理をするビジネスは存在しており、日本国内だけでも廃棄物処理・リサイクルの市場規模は、環境省のレポートによると5・2兆円となっています。企業が出したゴミの処理が地上ではお金がかかるのに、宇宙でお金がかからないということは考えづらいでしょう。

ALL ABOUT THE SPACE BUSINESS

4

宇宙ゴミを出さないために進む技術開発

地上では廃棄物処理とリサイクルの市場規模が同じくくりで市場規模推定されているように、ゴミの処理とリサイクルは非常に密接な関係にあります。

宇宙空間にある宇宙ゴミを能動的に除去する技術と合わせて、人工衛星のリサイクルの技術や、そもそも宇宙ゴミを出さないための技術開発と事業化も進んでいます。

具体的には、宇宙ゴミ対策には、すでに紹介したような除去という方法に加えて、リサイクル、出さない、監視・把握するという大きく分けると、4つの方法があります。

まず、宇宙空間におけるリサイクルが具体的に何を指すのかと言うと、人工衛星の燃料が切れる前に、燃料を補給し、運用期間を延長するというアプローチです。これにより、新たな衛星を打ち上げるコストや宇宙ゴミの増加を抑制できます。

人工衛星の寿命を決める要因の多くは、軌道を維持するための燃料が切れてしまうことです。そのため、燃料の補給さえできれば、人工衛星は再び運用が可能となります。第5章で紹介したように、ロケットの輸送費は非常に高く、できるならば人工衛星のリサイクルをしたいというニーズが衛星運用企業にはあります。

そして、人工衛星への燃料補給はすでに成功しています。すでに商業化しているのは、大手航空宇宙企業Northrop Grumman（ノースロップ・グラマン）の子会社、SpaceLogistics（スペースロジスティクス）です。スペースロジスティクスは、2004年にIntelsat（インテルサット）によって打ち上げられた静止軌道にある通信衛星に推進機構MEV－2をドッキングさせ、寿命を延長することに2020年に世界で初めて成功しました。当初、5年間の延長をしたのち、MEV－2はドッキングを解除し、別のサービスを展開する予定だったのですが、インテルサットはさらに4年間の寿命延長契約を締結しました。

ちなみに、スペースロジスティクスは、燃料不足だけでなく、人工衛星の修理を行う衛星の開発にも取り組んでいます。人工衛星は一度壊れてしまうと、直しに行くこともできないというのが常識となっていましたが、その常識が変わるのかもしれません。

また、燃料補給という観点では、宇宙空間にガソリンスタンドの設置を進めるOrbit Fab（オービットファブ）という企業があり、アストロスケールと燃料補給の商業契約を締結しています。対象となるアストロスケールの衛星は寿命延長衛星「ＬＥＸＩ（レキシー：Life Extension In-Orbitの略）」と名付けられており、ＬＥＸＩのお客様のニーズは静止軌道上にある衛星の軌道維持や姿勢制御、軌道の変更、または、墓場軌道への廃棄となっています。

つまり、地上の道路で例えると、一般車（顧客となる衛星）はガソリンスタンド（オービットファブ）で燃料補給ができないが、特殊な衛星（アストロスケールのＬＥＸＩ）がガソリンスタンドで燃料補給を都度行いながら、困っている一般車を何度も助けに行けるようになる、という仕組みです。

地上のロードサービスとして必要なものと同様の機能が、宇宙空間にも徐々に整備されているとわかる非常に興味深い事例です。

また、宇宙ゴミ対策として、すでに打ち上げられたロケットや衛星だけでなく、これから打ち上げられるロケットや衛星にも工夫の余地があります。

２０２４年、宇宙デブリ化防止装置を開発する日本企業ＢＵＬＬが、欧州の基幹ロケットであるAriane 6ロケットを開発するアリアンスペースと宇宙デブリ化防止装置をロケットに搭載することに関して、実現可能性の検討を開始すると発表しました。宇宙デブリ化防止装置は、ロケットの打ち上げと衛星の放出が終わった後に帆を展開し、大気抵抗などを受けて減速し、大気圏への早期の離脱ができる仕組みとなっています。

人工衛星についても、ＢＵＬＬとＪＡＸＡは「導電性テザー方式デブリ拡散防止事業」という事業共同実証プロジェクトを推進しています。この方式では、ミッションが終了した衛星から導電性のテザーが伸びることによって、大気抵抗や地球磁場を使って人工衛星の軌道を変更するという技術です。

さらに、人工衛星同士の衝突や、人工衛星が宇宙ゴミと衝突するという事故を避けるため、宇宙の状況がどうなっているかを監視することも非常に重要です。そのような取り組みは宇宙状況把握（ＳＳＡ:Space Situational Awareness）と呼ばれ、各国が積極的に取り組んでいます。把握する手段としては、地上に設置したレーダーや望遠鏡を用いた観測に加えて、宇宙にある地球観測衛星が宇宙の状況を把握するために地球ではなく宇宙空間を撮影するといった様々な手法があります。

このように、宇宙ゴミ対策において、各企業、各国による様々な技術実証と事業化が活発化しています。このスピードに合わせて、国際的な議論とルールメイキングが進み、持続可能な宇宙空間が維持されることでしょう。

ALL ABOUT THE SPACE BUSINESS

5 人工衛星の通信を補助する中継衛星

宇宙ゴミと関連するものではありませんが、運用中の衛星のためのサービスという意味で、これも軌道上サービスだと考えているのが、宇宙空間通信ネットワークです。

宇宙空間通信ネットワークとは、衛星の位置が、地上局からの電波を受信できない、または、地上局から衛星に送信できない場所にいても、他の衛星を経由して通信できる環境の構築です。

人工衛星は、常に地上にデータを送れるわけではありません。あらかじめ予定していた地上局と通信ができるときのみ、データの送受信が可能となります。

そのため、自然災害が発生した際に人工衛星がその被害状況を撮影したとしても、データを地球に送信できるのは、次に地上局との通信ができるタイミングとなってしまいます。一刻を争うタイミングで待ち時間が発生してしまうというのは非常にもどかしいものです。

最近、この課題に対してポジティブな成果が日本でありました。2024年7月に打ち上げられたＪＡＸＡの地球観測衛星「だいち4号」（ＡＬＯＳ－4）が、静止軌道上にある光データ中継衛星の光衛星間通信システム（ＬＵＣＡＳ）との光衛星間通信に成功しました。通信速度は1・8Ｇｂｐｓと非常に高速です。

今回、低軌道衛星とＬＵＣＡＳとの通信成功により、一般的な低軌道衛星と地上局間の通信では、1日あたり約1時間の通信時間であるところ、ＬＵＣＡＳにより静止軌道衛星を中継することで通信時間が約9時間に増えるとされています。また、緊急時にはＬＵＣＡＳにより静止軌道衛星を中継して地上から衛星に向けてコマンドを送り、迅速に画像を取得することも期待されています。

だいち4号については、宙畑でだいち4号のプロジェクトマネージャーである有川善久さんにお話をうかがった際に、非常に印象に残るお話をしていただきました。

だいち4号は、一気に２００ｋｍの幅の衛星データを撮影することができます。どれほどの幅かというと、一度に九州全域を撮影できるほどです。この仕様が決まるまでの、ひとつの大きなきっかけが、九州で発生した大きな地震や豪雨だったそうです。

今も稼働し、活躍しているだいち2号では、一度に撮影できる幅が50ｋｍと短く、九州の西と東のどちらを先に撮るのか、要求がなかなか1つにはまとまらなかったそう。地殻変動が起きている、実被害が起きている箇所がわかるだいち2号もとても活躍してくれた一方で、ＡＬＯＳ－４の検討会では、もっと広い観測が必要であるという議論が生まれたそうです。

命にも関わる重要なデータをより広い範囲で撮影できるようになっただいち4号は、光衛星間通信に成功したことで、データを提供する速さという観点でも進化したというわけです。ちなみに、衛星用光通信装置はＮＥＣが開発し、だいち4号の開発には三菱電機が関わっています。

また、衛星間通信については、だいち4号の事例のように、低軌道の衛星と静止衛星の通信でネットワークを構築する事例もあれば、低軌道衛星と低軌道衛星との間で通信する仕組み、中軌道と呼ばれる高度約２０００ｋｍに中継衛星を複数機配備するといった様々な形があります。

日本では、ワープスペースが衛星間光通信ネットワークサービス「WarpHub InterSat」の構築を進めています。「WarpHub InterSat」では、光通信機器を搭載した3機の中継衛星を中軌道に打ち上げ、どれかの中継衛星は地上と常時接続できる状態の構築を目指しています。

また、本書で何度も登場しているスターリンクは、すでに直近打ち上げられた衛星には光通信端末が3端末ずつ搭載され、低軌道の衛星同士で巨大な光通信ネットワークを構築していることが２０２４年に話題になりました。

このような技術開発の動向からも、衛星と地上局との通信量は今後ますます増えていくでしょう。また、近年は、セキュリティの観点から、量子通信といった新たな通信手段として各国が技術開発に取り組んでいます。

今後、衛星間通信がどのような進化を遂げ、デファクトスタンダードたる規格として広まっていくのか、また、ロケットのように各国が独自に保有すべき重要な技術として確立するのか、近年の宇宙ビジネスにおける注目ポイントのひとつです。

ALL ABOUT THE SPACE BUSINESS

6 宇宙ビジネスの事業推進に安心を提供する宇宙保険

最後に、軌道上サービスのひとつとしてまとめるには少し無理があるのですが、本章の中で人工衛星を車に例えたことから、ぜひここで紹介したい重要な宇宙ビジネスがあります。それは、宇宙保険です。

本章で紹介したように、宇宙空間ではすでに衛星と宇宙ゴミの衝突や衛星の故障が発生しています。人工衛星はロケットの打ち上げに数億円以上かかり、衛星そのものの開発にも相当の予算がかかります。そして、宇宙に一度行けば、修理をすることは現状はできませんし、できるようになったとしても、ロケットで新しく打ち上げるよりは幾分か安くなりますが、相当なお金が必要になるでしょう。

そのため、人工衛星や探査機を打ち上げて何かサービスを行いたいという会社にとって、衛星や探査機と宇宙ゴミの衝突や、衛星や探査機の故障や不具合というのは非常に大きな事業リスクです。

衛星や探査機を活用した新規事業をスモールスタートで始めたいといっても、数億円以上かけて宇宙に打ち上げて、運用をしている途中で衛星や探査機が壊れてしまっては目も当てられません。

そのため、ロケットの打ち上げ失敗や宇宙空間での不具合といったリスクに対応する宇宙保険に本格的に参入する企業が日本でも現れ始めています。

私がその機運が非常に高まっていると最初に感じたのは、２０２２年に北海道で開催された北海道宇宙サミットでした。このイベントの最も大きなスポンサーが東京海上日動火災保険、三井住友海上火災保険という大手損害保険会社２社だったのです。

宇宙サミットで、東京海上日動火災保険から、１９１４年に日本初の自動車保険を開発し、販売を始めた歴史の紹介がありました。当時、日本を走る自動車の数は１０００台ほどしか走っていない時代でしたが、その約50年後の高度経済成長期には、自動車の保有台数とともに自動車保険の契約数も爆発的に増えたそうです。

また、三井住友海上火災保険からは、１９７５年に人工衛星「きく１号」の打ち上げに際しての日本初の宇宙保険の引き受けを行ったことが紹介されました。そして、大手損害保険会社２社が本格的な宇宙ビジネス参入を発表したのも、初の宇宙保険誕生から約50年という月日が経過したタイミングでした。

実際にどのような宇宙保険があるかと言うと、打ち上げ前までの地上におけるロケットや人工衛星の損害を補償する『打ち上げ前保険』、打ち上げから宇宙空間に到達する前までの人工衛星の損害を補償する『打ち上げ保険』、人工衛星が宇宙空間に到達してからの人工衛星の損害を補償する『寿命保険』、ロケットの打ち上げや人工衛星の運用等により生じた損害賠償責任をカバーする『宇宙賠償責任保険』と、大きく4種類に大別できます。

これら以外にも、三井住友海上火災保険は、月面着陸船を開発するispaceとロケット打ち上げから月面着陸までに発生するリスクを総合的に補償する「月保険」をオリジナルで開発し、契約していました。結果としては、2023年4月にispaceが非常に惜しいところまで行きましたが、最終的には月面着陸に失敗したことに伴い、保険金37億9300万円を受領したと発表がありました。上場していたispaceにとっては、投資家の目線を鑑みても保険契約をしていて非常に良かったという結果になりました。

また、損保ジャパンとSOMPOリスクマネジメントも、宇宙ビジネス企業や、宇宙ビジネスに参入しようとする企業を対象とした宇宙ビジネス支援サービスを展開しています。

例えば、近年、小型衛星は宇宙空間に投入された初期段階で地上との通信を喪失する事例が頻繁に発生しており、故障原因が特定されないため、適切な対策を施すことができないという課題を抱えていたところ、低軌道衛星専用のビーコン開発を手掛けるオーストラリアのスタートアップＡＮＴ６１と衛星の通信喪失リスクに備えるための協業を検討することを発表しました。

このように、宇宙保険の進化も各社が取り組んでおり、非常に盛り上がっている宇宙ビジネスのひとつです。

一方で、宇宙ゴミの問題がさらに悪化してしまうと、宇宙保険をかけられなくなってしまう懸念も近年騒がれています。宇宙ビジネスに参入する企業が増えるためには、宇宙保険はなくてはならないビジネスのひとつです。宇宙保険が存在し続けるためには、持続的な宇宙環境を維持することは非常に重要なトピックとなっています。

ALL ABOUT THE SPACE BUSINESS COLUMN

日本の宇宙ビジネスは日本らしい？

私は、宙畑の立ち上げメンバーで設立したsorano meという企業の共同創業者のひとりとしても活動しています。

sorano meでは、ソラノメイトという名のついた、宇宙ビジネスに関わりたいと考える方が副業から始められる組織を作りました。現在、ソラノメイトには80名を超える方に参画していただいています。

ソラノメイトに参画いただく前に、一度お話の機会をいただくのですが、ルクセンブルクに在住する方から言われてはっとしたことがあります。それは「日本の宇宙ビジネスは、日本らしいユニークな企業が多い」ということです。

その方が例に挙げられたのは、アストロスケールでした。宇宙ゴミの除去や寿命の延長をするという事業について、海外のサッカースタジアムの試合後にゴミ拾いをする日本人の姿と重なるという点で日本らしさがあるとお話いただきました。

つまり、日本で美徳とされている行動や姿勢が、海外から見てユニークな事業に反映されているということなのかもしれません。

この会話のあと、私はしばらく日本人の文化と宇宙ビジネスについて考え込んでいました。そうすると、いくつか面白いつながりが見えてきました。

例えば、北海道の大樹町で小型ロケットの開発を進めるインターステラテクノロジズは、ロケットの燃料に牛などの家畜ふん尿から製造した液化バイオメタンを使用するとしており、２０２３年には民間企業としては世界初の燃焼器単体試験に成功しました。

実は、家畜ふん尿は、二酸化炭素に次いで影響の大きい温室効果ガスであるメタンの発生源となっています。また、家畜ふん尿による臭気や水質汚染などは北海道の地域課題にもなっているようです。そこで、家畜ふん尿からロケットの燃料を製造することで、ロケットの燃料コストの削減にもつながり、環境問題の解決にもつながる一石二鳥の事例となっています。

また、Pale Blueという日本企業は、世界に先駆けて水を推進剤とした推進器の開発と、宇宙空間での実証に成功しました。従来、人工衛星の推進用に用いられている「ヒドラジン」という推進剤は毒性が強く、温度管理も難しいため、近年その数が増えている超小型衛星で取り扱うことに課題がありました。そこで、水を推進剤とした推進器の開発ができれば環境に配慮した持続可能な宇宙業界の実現につながると期待されていました。

日本には古くから「もったいない」という言葉があり、ノーベル平和賞を受賞した方が世界に広めた言葉にもなりました。海外から見れば「そんなものまで食べるの？」「そんなものまで再利用するの？」と思われる文化が日本には多く存在します。普段であればいらないものを、使えるものにまで昇華させるという事業は日本が得意な分野なのかもしれません。

また、ソニーが独自の人工衛星を開発して立ち上げたプロジェクト「STAR SPHERE」も非常に日本らしいものでした。ソニーは、カメラを搭載した人工衛星を開発し、宇宙に打ち上げ、その撮影権を開放するというこれまでにない事業を行いました。撮影するにあたって、独自の撮影リクエストツールを開発し、そのデザインや設計にはプレイステーションの開発者も加わったそうです。そのおかげか、非常にわかりやすく、ワクワクするプロジェクトとなっていました。

海外で家庭用ゲームを販売するお店に行くと、半分は日本のもので溢れています。ソニーが開発するプレイステーションのソフトや、任天堂のソフト、そして日本のアニメや漫画のキャラクターのフィギュアが並んでいます。宇宙に限らず、様々な要素をエンターテイメントに昇華する力も日本ならではなのかもしれません。

ルクセンブルクに在住する方から教えていただくまで、考えたこともなかったのですが、このように、宇宙産業にも各国の文化が反映されているということは非常に面白い観点だなと思いました。

今後、宇宙ビジネスに関わりたいと考える方にとって、日本らしさを考えることもグローバルでの差別化を図るうえでのヒントとなるかもしれません。

第7章

ISSから学ぶ宇宙生活の世界

Chapter 7 :

The World of Life in Space

ALL ABOUT THE SPACE BUSINESS

1 宇宙飛行士はISSで何をしている？

第6章まで、現在の宇宙ビジネスの市場規模のうち、7割以上を占め、また、今後も拡大するだろうビジネスについて紹介しました。その中にイメージしていた宇宙ビジネス事業はどのくらいありましたか？

宇宙ビジネスといっても、意外と地球に住む私たちの生活に身近だなと思われた方も多いのではないでしょうか。そして、人類はまだ宇宙空間でビジネスができているわけではないということも感じていただけたのではないかと思います。

第7章では、これから拡大するだろう宇宙ビジネスとして、ISSでの実験や今後宇宙で製造が期待されるもの、ISS退役後の低軌道を活用した商用宇宙ステーション利用、宇宙ホテルに一般の人が滞在する未来と関連ビジネスを紹介します。

まず、ISSでは、各国の研究機関や企業から依頼された様々な実験や試みが行われています。

昔から行われている実験として代表的なもので、タンパク質の結晶化実験があります。特定の病気のタンパク質の構造を知ることができれば、その構造に効く薬を作ることができます。そのためには、非常にきれいなタンパク質の結晶を作る必要があるのですが、タンパク質は非常に小さいです。どのくらい小さいかと言うと、ＪＡＸＡのサイトによれば、数ｎｍ（ナノメートル）から数十ｎｍで、１ｍの十億分の一。タンパク質をヒトの大きさまで拡大したとすると、ヒトは木星ほどの大きさ（直径がおよそ14万ｋｍ）になるそうです。もはや何を言っているのかわからなくなるレベルです。

そして、品質のよいタンパク質結晶を生成するためには、重力の影響で発生する「対流」が邪魔な存在となっており、無重力環境であるＩＳＳでのタンパク質結晶化は、非常にわかりやすいＩＳＳの活用事例となっています。ちなみに、どのような病気の治療薬の開発が期待されているかというと、地上より高品質の結晶生成に成功したタンパク質の事例としては、リウマチ、心臓肥大、肝細胞がん、多剤耐性菌・歯周病菌などがありました。どれも治療薬があるならぜひ使用したいと思う病気ばかりですね。

また、２０２４年に北九州市で行われた九州宇宙ビジネスキャラバンというイベントで、宇宙飛行士の若田光一さんに「宇宙空間の利用について、こういう使い方があったのかという驚いた事例を教えてください」と質問をできる機会がありました。その際の回答としては「人工網膜を微小重力環境だと作りやすい。また、人工網膜のように小さいものであれば宇宙に多く素材を持って行って地上に持って帰ることができるためビジネスにつながりやすい」「実験をするだけで終わらずに、ビジネスにするためには、様々なことにトライしても駄目なものはやらないけれども、これは宇宙製造につながるといったものは集中的にやっていくという取り組みが必要。一方で、ビジネスに終始して基礎研究を怠ることも避けるべきであり、バランスが非常に重要である」と教えていただきました。

また、「微小重力を私達人類はわかっているつもりだが、こんな使い方があったという驚きはまだある」といった言葉もその際にいただきました。宇宙空間という特殊な環境だからこそ製造できるものは、新たに宇宙ビジネスに参入する企業がアイディアの種を握っているはずです。この本を通じて宇宙ビジネスを知る企業が増え、自社で何ができるかを考える企業がさらに増えれば、さらなるビジネスチャンスが見つかるように感じました。

もうひとつ、ＩＳＳを利用した非常に興味深い事例として紹介したいのが、ＫＩＢＯ宇宙放送局です。これは、ＩＳＳに開設された、宇宙と地上を双方向でつなぐ世界唯一の宇宙放送局で、２０２０年の開局特番では、俳優の中村倫也さんと菅田将暉さんが出演し、話題になりました。開局特番後も、ＫＩＢＯ宇宙放送局を企画運営をするバスキュールが、宇宙初日の出の配信や大人気漫画『ONE PIECE』とのコラボなど、数々の話題となる番組配信を行っています。

また、興味深いのは宇宙と地上をつないだ配信をするという話題性だけではありません。日本コカ・コーラ、ポケモン、Amazon Prime Videoといった多くの企業を協賛パートナーとしてしっかりと迎えたうえで配信を行っていることです。宇宙を広告ができる場としてデザインの力で変換したこの取り組みは、今後の宇宙ビジネスの広がりを考えるうえで、宇宙×エンターテイメントという新しい宇宙ビジネスの形を先駆けて築いた象徴的な事例とも言えます。

ALL ABOUT THE SPACE BUSINESS

2

極限環境から生まれた地上の便利グッズとPRADAの宇宙服

タンパク質の結晶化実験や、ISSのスタジオ利用など、ISSのなかで新しいビジネスが生まれていることと同様に、宇宙という特殊な環境のために作られた衣服や装置が、地上で暮らす私たちの生活をより豊かにするビジネスとして昇華する事例も生まれ始めています。

これは、地上に住む人の日常生活を支える企業の宇宙ビジネスへの参入チャンスと、地上における事業拡大のポテンシャルでもあります。

実際にどのような企業に参入チャンスがあるかというと、個人が生活するうえで必要な日用必需品を扱う企業、また、普段は気づきづらいが、実は日常を支えているインフラ企業に大きく分けられます。

まず、日用必需品については、衣服や歯磨き粉といった宇宙飛行士が宇宙で生活するうえで必ず必要な物が挙げられます。宇宙空間では、水が非常に貴重なリソースであり、お風呂に入ることもシャワーを浴びることもできません。そのため、洗濯については、運動後の運動着を石鹸水をつけたドライタオルで拭き、数時間程度で乾かすといった方式がとられているようです。ちなみに、下着についても基本的にずっと同じものを着ており、乾燥させた運動着や下着は部活臭がするそうです。靴下には抗菌消臭機能があればあるだけいいという声もありました。

つまり、宇宙という極限環境における衣服には、消臭機能が非常に優れていること、また、運動後の汗がすぐに乾くことなどが宇宙空間での暮らしを快適に保てる重要な要素として求められています。そして、宇宙用に作られた衣服は、介護用の衣服として、お風呂に毎日入れない方向けの衣服として応用されることが期待されています。

このように、宇宙空間という極限環境で顕在化した生活の問題を解決するために商品を開発することで、地上の生活で「解決することが難しい仕方がないもの」として隠れていた潜在的な課題を解決する商品が生まれます。

そのような考え方を非常に整理してまとめられた内容が「ＴＨＩＮＫ ＳＰＡＣＥ ＬＩＦＥ」と名付けられたＪＡＸＡのプロジェクト内で発表されていますので、ぜひ興味がある方はご覧ください。ここでは「宇宙軌道」「微小重力」「閉鎖隔離環境」「リソースの制約」という４つの宇宙環境の特徴から「昼夜逆転の生活」「運動不足や加齢による筋力・骨の衰え」「特定の環境」「物理的・社会的隔離」「供給の減少・停止、ヒト・モノの移動の制限」という５つの地上の類似シーンがあるのではないかと整理し、地上の事業拡大の可能性を探っています。

もちろん、宇宙用に研究開発したものは非常に高価なものになるため、本当に地上で売れるような価格で、利益を生み出せるほどの販売ができるのかという点は課題としてあるかもしれません。

正直なところ、その商品だけで利益を出せるのかという点については、私は自信がありりません。ただ、この疑問を考えるヒントは、世界的ラグジュアリーブランドのＰＲＡＤＡがアクシオム・スペースと共同開発を進める月面用の宇宙服から読み取れます。初披露となるミラノで開催されたＩＡＣ　２０２４の服の記者発表会の場で、マーケティング責任者の方が語られた言葉が非常に印象に残っています。

語られたのは「宇宙という極限環境の衣服を作ることは、統計主義的に売れるデザイン、売れる商品を作るという考え方ではなく、機能主義的にどういった機能が必要かがまず第一にあり、そこからデザインを考えるという仕事をする機会をデザインチームが持てた良い機会だった」ということでした。つまり、宇宙ビジネスに参入することによって、商品そのものの売上や広告宣伝効果だけでなく、デザインチームそのものがレベルアップしたということでした。

チーム全体が成長する機会として宇宙ビジネスが機能するということは、個人的に目から鱗の話で、イタリアまで遠路はるばるポケットマネーで訪れたなかで一番の収穫でした。

また、実は日常を支えているインフラ企業の例として紹介したいのは、栗田工業の水再生装置の事例です。宇宙空間では、水が非常に貴重なものであるため、水再生装置が設置されています。宇宙飛行士内でのあるあるジョークなのか「昨日のコーヒーは明日のコーヒー」という言葉がＩＡＣの宇宙飛行士が15人並ぶセッションで話されて笑いが生まれていました。

栗田工業は、宇宙機内で発生する水分（尿）を回収して飲用可能なレベルの水質に再生処理するシステムの開発の実証を２０１９年からＩＳＳ「きぼう」日本実験棟で行っており、２０２３年に完了しています。宙畑で栗田工業にお話をうかがった際に、宇宙の水再生率を上げるプロジェクトは省電力化も求められており、それが地球の持続可能性にもつながるということを教えていただきました。

どういうことかというと、地上の一般的な水処理装置では本来90％以上の再生率を実現できるところ、あえて80％程度まで再生率を抑えることが、電力効率を考えると良いとされているようです。ただし、「宇宙向けの水処理装置で再生率を高め、省電力な技術を突き詰めることができれば、今の80％の回収率に疑問が呈され、より地上の資源を守る取り組みが推進されるかもしれない」とのことでした。宇宙のインフラを突き詰めることが、回り回って地球のインフラを変え、私たちの生活の当たり前を守ることにつながるかもしれないというのは非常にワクワクする話です。

ALL ABOUT THE SPACE BUSINESS

3 こんなものまで？ 多種多様な宇宙食の世界

生活の基本は衣・食・住と大きく3つの要素で分けられます。衣と住については、前節で紹介しました。本節では、宇宙食の最新事情について紹介します。

宇宙食というとどのようなイメージがありますか？　フリーズドライで極限まで乾燥させた宇宙食やゼリーのような流動食をイメージされる方も多いかもしれません。

現在、宇宙食は大きく分けると水やお湯を加えて戻す「加水食品」、そのままでも食べられて温めてもおいしい「温度安定化食品」、そのまま食べる「自然形態食品・半乾燥食品」、味変に欠かせない「調味料」、消費期限前に食べきらないともったいない「生鮮食品」、放射線照射により殺菌を行った「放射線照射食品」に分けられます。せっかくなので、具体的な宇宙食をいくつかご紹介します。

「宇宙日本食」という、ＪＡＸＡが定める宇宙日本食認証基準と照らし、基準を満たしているかを判断し、認証するという仕組みがあります。現在、宇宙日本食として認証されたのは、31社・団体、55品目あるようです。

これは日本人らしいなと思う宇宙日本食をいくつか紹介すると、うなぎのかば焼き、サバ醤油味付け缶詰、ひじき煮、きんぴらごぼう、赤飯などがあります。おそらく、一つひとつの宇宙食に認証されるまでのドラマがあると思われますが、ここではサバ醤油味付け缶詰めについてご紹介します。『さばの缶づめ、宇宙へいく』というタイトルで書籍化され、話題を呼びました。

実は、この宇宙日本食の製造元は、福井県立若狭高等学校。つまり、高校生のプロジェクトが宇宙日本食として認証されています。ＪＡＸＡのホームページの紹介には「先輩から後輩へ研究を引き継ぎ、12年かけて完成した」とあります。大学生、もしかしたら社会人のプロジェクトでさえ、12年かけてプロジェクトを引き継いでいくのは、並大抵の努力では実現できません。現在、より多くの方に食べてもらいたいと「若狭宇宙鯖缶」として、量産型の缶詰も購入できるようになっていますので、ぜひ気になる方は食べてみてください。非常に美味しかったです。

また、ほかにも、日清スペースカップヌードル、亀田の柿の種、スペースからあげクン、ホテイやきとり（たれ味）、キッコーマン宇宙生しょうゆといった馴染みのある日本企業が開発した宇宙食や、十勝川西長いもとろろ、種子島産バナナとインギー地鶏のカレー、名古屋コーチン味噌煮といった地元の名産品を宇宙食として認証されたものなど、多くの宇宙日本食があります。

宇宙食は、現時点で宇宙空間で消費されるだけであれば市場規模は非常に小さいかもしれませんが、２０４０年には数千億円規模になるまで成長すると予測されています。ただ、それでもまだまだ小さく感じるかもしれません。

そのような懸念を払しょくする考え方として、宇宙食は宇宙用衣服と同様に、地上でのビジネスチャンスがあると考えられます。例えば、保存期間が非常に長いという特徴から防災食としても機能する一面を持ちます。

私は防災食を非常時に備えて買ってはいますが、期限が近づくと「食べなければならない」と焦るくらい、すごくおいしいと思って食べた記憶はありません。ただ、ここに並ぶ宇宙食を見ると、普段馴染みがある食べ物から、地元のおいしそうな郷土料理まで、非常においしそうな物ばかりです。宇宙食を買っていたら結果的に被災時にもおいしく食べられる非常食として機能したと思える時がくるほど、宇宙食が当たり前になる時代になると良いなと思います。

このような宇宙食と防災食の関わりの考え方を教えてくださったのは、宇宙関連事業の立上げ支援や宇宙を起点とした地域経済活性化プロデュースを行う企業であるSpace Food Lab.の取締役を務める浅野高光さんです。

また、宇宙食そのものではなく、科学的なアプローチによって、味覚を変えるという技術開発の可能性があります。これは電気刺激によって味覚に変化を加えることで、宇宙食の味が薄く感じてしまうところに塩味や甘味を感じるようにするといった研究です。このアイデアは２０２４年度の内閣府宇宙ビジネスコンテストの最終審査まで残り、スポンサー賞を2社から受賞しました。また、このアイデアは地上でも活躍する可能性が非常にあります。というのも、塩分や糖分の過剰摂取は脳梗塞、心筋梗塞、慢性腎臓病に直結し、健康寿命の短縮、QOLの低下、医療費の増大につながります。その点、減塩での食生活が必要な方にとって、食事が楽しくなる非常に重要な技術となるかもしれません。

このように、宇宙における食生活の改善も、地上の生活を変える可能性を秘めています。今後、どのようなアイデアで宇宙食が進化し、そして、それが地上に応用事例として変換されるのか非常に楽しみです。

ALL ABOUT THE SPACE BUSINESS

4

ＩＳＳが2030年に退役する理由

本書では、ＩＳＳが何度か登場していますが、実は、ＩＳＳは２０３０年で退役する方針で、２０３１年には大気圏に再突入させ海上に落下させることが計画されています。その背景には、ＩＳＳの老朽化と、ＩＳＳの維持にかかる予算の節約をしたいというＮＡＳＡの意図があります。

実際に、ＮＡＳＡは２０３１年には約13億ドル、２０３３年までに18億ドルの予算を節約できると見積もっています。

ちなみに、ＩＳＳの運用が終了した後に機体を軌道から離脱させる「軌道離脱機」の開発企業としてはスペースＸが選定されています。その契約は総額８億４３００万ドルと非常に大きな契約です。この契約によってスペースXは巨大な宇宙ゴミ除去の技術も獲得することとなります。

では、宇宙ステーションは無くなってしまうのかというと、そうではありません。NASAはISSの後継となる商用宇宙ステーションの構築を目指す企業を支援するCLD(Commercial Low earth orbit Destination)プログラムを発表し、提案を募集していました。

その結果、最初はブルーオリジン、Nanoracks(ナノラックス)とVoyager Space(ボイジャー・スペース)、ノースロップ・グラマンの3社が選ばれていましたが、途中でノースロップ・グラマンが開発計画を中止して、ナノラックスとボイジャー・スペースの計画に合流。2024年1月時点で、累計の支援額はブルーオリジンが1億7200万ドル、ナノラックスとボイジャー・スペースらは2億1750万ドルとなっています。

また、NASAはアクシオム・スペースをISSの商用居住モジュールの建設企業として採択。退役が決まっているISSに2026年にドッキングし、退役するタイミングで分離し、Axiom Stationという独立した宇宙ステーションとなる計画も進めています。

実際に、２０３０年のＩＳＳ退役を発表した際に、ＮＡＳＡのＩＳＳ担当ディレクターは「我々は２０３０年までＩＳＳの利益の最大化に努める一方で、その後に続く商業目的地としての宇宙へと移行することを楽しみにしています」と発表しています。

そしてこの言葉の裏側には、商用宇宙ステーションが打ち上がる２０３０年までに、ＩＳＳを最大限に利用して利益を上げる事例を生み出すことが、真の意味で持続的に宇宙ステーションが運用されるために必要であるという意図が込められています。

ロケットの開発と打ち上げをＮＡＳＡが民間企業に任せた結果、スペースＸが生まれたように、商用宇宙ステーションも政府主導ではなく、民間企業が参入することによって新しいエコシステムが生まれ、政府としては第8章で紹介するアルテミス計画のような国の技術力の向上やアピールにもつながる新しいことに投資ができるようになる好循環が生まれると期待されています。

ALL ABOUT THE SPACE BUSINESS

5 ── 物理的な商用宇宙ステーションとデジタル宇宙ステーション

商用宇宙ステーションの開発はアメリカだけで進んでいる話ではありません。日本企業も前節で紹介したような、商用宇宙ステーションに関わるそれぞれの企業と戦略的なパートナーシップや資本提携を結んでいます。

例えば、三井物産はアクシオム・スペースと資本提携しています。また、「民間主導の地球低軌道有人拠点事業における米国商業宇宙ステーション接続型日本モジュールの概念検討」の事業者としても採択されており、2024年7月には、三井物産の100％子会社として日本低軌道社中を設立しました。

同じく大手商社の三菱商事は、ボイジャースペースらが開発を進める商業宇宙ステーション「Starlab」のプロジェクトに参画するため、ボイジャー・スペースとAirbus Defence and Spaceの合弁会社Starlab Spaceと戦略的なパートナーシップを締結しています。

また、同じく大手商社の兼松は、Sierra Space（シエラ・スペース）と業務連携の覚書を2021年に締結し、IHIエアロスペースとともに商用宇宙ステーション用ドッキング機構をシエラ・スペースへ提供することを発表しています。シエラ・スペースはすでに紹介したブルーオリジンと商用宇宙ステーションの開発を進めているため、日本の商社がNASAが開発を進めるそれぞれの商用宇宙ステーションとなんらかの形で提携していることとなります。

そして、これらの3社以外にも商用宇宙ステーションの開発を進める企業があり、商用宇宙ステーションの構築は今、非常にホットなトピックとなっています。

ちなみに、中国は2022年に独自の宇宙ステーションを完成させているほか、インドも2035年までに宇宙ステーションの開発を計画しているなど、独自路線で宇宙ステーションの開発が進む国もあります。

さらに、２０２４年11月には、ＩＳＳに関する非常に面白いプロジェクトが日本から発表されました。第４章で地球デジタルツインを開発し、ゲームの世界と連携したと紹介したスペースデータが、ＩＳＳをデジタル上に再現した「バーチャル国際宇宙ステーション（ＩＳＳ）」を全世界に無償で公開しました。微小重力環境や、ＪＡＸＡから提供を受けたＩＳＳ「きぼう」日本実験棟で取得した船内環境データ（温度、湿度、風量、照度等）を、デジタル上に再現しています。ゲームやエンターテインメント、教育事業での利用から、宇宙ロボットや宇宙実験のシミュレーションまで幅広い用途で利用可能となっています。

物理的な宇宙ステーションを各国が開発する中、デジタル空間上に、無料で利用できるＩＳＳができたことで、商用宇宙ステーションができる前に、宇宙利用のアイデアを試すことができるようになりました。今後、ＩＳＳのみならず、世界中の人々に宇宙を利用・開発するためのツールを配布し、全世界の人々と協調して宇宙開発を推進する「オープン・スペース・コロニー構想」を実現するとしています。

また、２０２５年１月20日には、Synspectiveの共同創業者であり、慶應義塾大学大学院教授の白坂成功先生がスペースデータのアドバイザーに就任するという発表がありました。白坂先生は、スペースデータの取り組みを「あらゆる人が宇宙開発に参加できるようにするためのソフトウェア基盤を実現する活動」と表現されていました。この発表から、白坂先生に取材の機会をいただいた際に、宇宙利用がさらに進むためには「専門家バイアス」を取り除くことが非常に重要で、その解決策はシンプルに異なる専門家バイアスを持つ人と協働をすることだと教えていただいたことを思い出しました。

スペースデータの創業者は「ブラジルの子供が新しい宇宙機を作れるような時代を作りたい」と話されていた、第1章でも紹介した佐藤さんです。そのような時代の幕開けを予感させるサービスリリースでした。

今後、どのような宇宙ステーションが生まれ、どのような宇宙の活用事例とビジネスが生まれるのか、非常に楽しみです。

ALL ABOUT THE SPACE BUSINESS

6 新しい宇宙滞在時代のビジネス

商用宇宙ステーションの開発が進むなか、宇宙に宿泊することを目的とした宇宙ホテルの建設を計画する企業も現れています。ただし、宇宙ホテルの建設については、計画が出てはいるものの、頓挫してしまったという事例も多くあります。

直近のホテル計画で最も実現に近づいたのは、Bigelow Aerospace（ビゲロー・エアロスペース）という、ラスベガスのホテルチェーンを経営するロバート・ビゲロー氏が設立した企業の取り組みです。ＮＡＳＡとＩＳＳの拡張可能なモジュールの製造開発および実証実験を行う契約を締結し、２０１６年には人の滞在が可能なＩＳＳの拡張可能なモジュール「Bigelow Expandable Activity Module（ＢＥＡＭ）」を打ち上げ、ＩＳＳへの接続と2年間の実証実験まで行っていました。しかし、不運にもコロナウイルスの流行によって事業停止を余儀なくされ、従業員を全員解雇するという発表がありました。その後については、

HPを見ても2019年でリリースの更新が止まっているため不明です。

2025年1月時点で、打ち上げと開業時期がどちらも明確になっている宇宙ホテルのためだけの宇宙ステーション打ち上げ計画は存在していません。まずは商用宇宙ステーションの中で最初の宇宙ホテルビジネスが始まるというのが最も早いかもしれません。

実際に、三菱商事も関わる、ボイジャー・スペースらが開発を進める商業宇宙ステーション「Starlab」にはヒルトンホテルが居住スペースの設計などに関わっています。


宇宙ホテルが完成すれば、宇宙空間の滞在の快適さが向上し、実際に宇宙に行きたいと考える人も増えるでしょう。そして、最初はお金を持っている富裕層の方が対象になると考えられますが、宇宙に行く人が増えれば増えるほど必要になるだろう機能があります。それが、医療です。

例えば、現在、宇宙で麻酔を使うことはできません。そのため、もしも手術が必要な状況に陥ったとき、麻酔を使わずに手術をするか、手術ができるところに移動してからでないと手術ができませんでした。一般の方が宇宙に行く時代になると、そのリスクがさらに高くなるというのは想像しやすいでしょう。

2017年に行われた内閣府主催の宇宙ビジネスコンテストS-Boosterではまさにこの

課題に取り組むファイナリストが登壇し、ANAの審査員から航空機内でもぜひ使いたいと好評でした。現在、ガス状にした麻酔薬を吸引する嗅ぎ注射器という方式で、NASAの協力も得て、ISSにある3Dプリンターによる製造と、無重力化での動作確認も済んでいる状態です。あとは薬事承認を得るのみというところまで来ているようです。

麻酔の話は一例ですが、閉鎖環境に起因する精神的な病なども含めて、宇宙における医療は非常に重要な議論のテーマです。日本でもSpace Medical Acceleratorという一般社団法人が設立されており、宇宙での医療に関する企業のプロジェクトを伴走支援するサービスが提供されています。

また、医療に限らず、一般の方が宇宙に行く時代になると、職業宇宙飛行士の時代には仕方がないものとして処理していたものや、事前の厳しい審査によって発生することがなかった問題が起こる可能性があります。そして、もしかしたら、そのような宇宙に人が多く滞在する時代のリスクは、他業界の方が気づいていただかなければ、宇宙業界の中にいる人は気づけないのかもしれません。

ALL ABOUT THE SPACE BUSINESS COLUMN

宇宙から地球を見た人は価値観が変わるのか？

私は、宇宙飛行士の言葉が大好きで、学生時代はお気に入りの宇宙飛行士の言葉をＡ４のプリントに印刷して、部屋の壁に貼っていました。

また、ＪＡＸＡの種子島宇宙センター内にある「宇宙科学技術館」に行くと、宇宙飛行士が残した数々の言葉があるので、ぜひ訪れた方は確認してみてください。

そのなかでも、私が好きだった言葉はサウジアラビアの王子が残した「最初の1、2日は、みんなが自分の国を指さしていた。３、４日目はそれぞれの大陸を指さした。そして5日目にはみんな黙ってしまった。そこにはたったひとつの地球しかなかった」という言葉です。

また、第4章の冒頭で紹介した15人の宇宙飛行士のうちのひとり、アラブ首長国連邦の初の宇宙飛行士であるハッザ・アル・マンスーリーさんが話されていた言葉も非常に印象的でした。

「最初は自分の家や街、そして海や山を探して自分の国を探すのですが、自分の国を認識するための国境がないことに気づきます。

そして、昼間に地球を見ていると、ここの星には居住するのが難しい、この地球に人間はいないと思ってしまうほどです。ただ、夜になると、これらの都市の光が輝き始めます。それはただ驚くべきことです。

今は700人に満たない宇宙を経験した宇宙飛行士がおり、宇宙で地球を見るという特権を身に付けました。それは全世界80億人と比較するととても小さな数字です。宇宙に来た私たち全員がここにあるものに感謝して、次の世代のために私たちのために保持しなければならないものであることを認識しています」

そして、ここで紹介した2人の宇宙飛行士に限らず、多くの宇宙飛行士が、地球をひとつの守るべき大事な星として考え、様々なところでその経験を広く発信しています。

宇宙に行くことは、出身地が地球であると強く認識する大きなきっかけであり、それほど価値観を大きく変える機会なのだろうなと、宇宙飛行士の言葉を聞くたびに思います。

私は、普段はオールアバウトというメディア運営企業で働いているのですが、都道府県ランキングや、車のナンバープレートの地名ランキング、大学ランキングなどは非常によく読まれます。そのうえで、人は、出身地や学歴など、自分と関係のある内容ができる限り良いものであってほしいと願う傾向があるように思います。私もふるさと納税では熊本のあか牛を必ず頼んでいたり、震災で壊れてしまった熊本城に復興城主という制度で寄付を行っているなど、地元のためにできることは積極的に行いたいという思いが常にあります。

少し脱線してしまいましたが、宇宙に行くということはつまり、地球を自分に関係あるものとして認識し、それをより良いものにする必要があるという、ある意味使命感のような価値観が芽生える非常に大きなきっかけなのでしょう。

これから、JAXAやNASA、ESAといった公的機関に所属する宇宙飛行士のような限られた人だけではなく、多くの人が地球を飛び出すことによって、地球のことを考える人が増えるのかもしれません。

第8章

アポロ計画から学ぶ月以遠ビジネスの世界

Chapter 8：
The World of Beyond-Lunar Business

ALL ABOUT THE SPACE BUSINESS

1 アポロ計画からアルテミス計画へ

宇宙ビジネスの紹介としては最後になる第8章は、月面、そして月面より外の宇宙に人類が出ていくことで生まれるビジネスです。

月面を目的地とした宇宙探査プロジェクトで最も有名なのが、すでに冒頭でも紹介したアポロ計画でしょう。アポロ計画という名前の由来は、ＮＡＳＡのエイブ・シルバースタイン博士が「黄金の馬車に乗って大空をかけ、毎日太陽を所定の場所に牽引するアポロンの姿」をギリシア神話の本で見て、決めたそうです。

アポロ計画では、１９６１年から１９７２年という10年以上の月日をかけて、計６回12人の有人月面着陸を成功させました。初めての月面に着陸した人類となったアポロ11号ミッションのニール・アームストロング船長の「これは一人の人間にとっては小さな一歩だが、人類にとっては偉大な飛躍である」という言葉を知らない人は少ないでしょう。

１９６９年に最初の月面着陸が成功して50年が経過した今もなお、ＮＡＳＡの公式サイトではアポロ計画のページが常に検索され続けているそうです。

ただし、アポロ計画は当初想定されていたすべての計画は実行されず、予算の関係からキャンセルとなった計画も多くありました。その後、いまだに人類は月面に降り立っていません。

その間、約50年。中国が宇宙開発を目覚ましい勢いとスピードで進めるなか、アメリカが再び宇宙分野でのリーダーシップを取らなければならないと、２０１７年12月のトランプ大統領政権時に、有人月面探査と火星探査の実施が正式に決定された新たな計画が「アルテミス計画」です。ちなみに、中国の宇宙開発については慶應義塾大学法務研究科の青木節子教授の『中国が宇宙を支配する日〜宇宙安保の現代史』（新潮社）が非常に学びの多い書籍となっていますので興味がある方はこちらもあわせてご覧ください。

アルテミスとは、ギリシャ神話に登場する月の女神で、アポロンの双子とされています。アルテミス計画における有人月面着陸では、女性宇宙飛行士が月面着陸することとなっており、かつての偉業になぞらえながらも、女性の活躍を意図した名がつけられた計画となっていることにも注目です。

また、アポロ計画はアメリカ独自で進められた計画でしたが、アルテミス計画は、アメリカ主導ではあるものの日本を含む複数の国が計画に関わる国際協力体制が組まれています。

日本は、月周回有人拠点「Gateway」に居住環境を整える技術を提供する他、Gatewayへの物資補給を担当することとなっています。また、2024年1月に月面に着陸した「SLIM」は、日本がピンポイントに狙った場所に着陸する技術を持つことを世界にアピールする絶好の機会となりました。

ほかにも、JAXAはトヨタ自動車と共同で有人与圧ローバーの研究開発を行っており、月面の広範囲な探査を持続的に進めていくための技術開発を進めています。余談ですが、トヨタ自動車が月面与圧ローバーの研究開発を行ったことで、他国の自動車メーカーも宇宙開発に前向きになっているそうです。トヨタのホームページには「月面で鍛えられた技術は地球へフィードバックし、もっといいクルマづくり、持続可能な社会や地球のための技術の発展に生かしていきます」との記載もあり、宇宙開発で新たに生まれた技術を地球にも還元する意思があることがわかります。

では、アルテミス計画において、有人月面着陸が行われるのはいつかと言うと、現時点の計画では、2026年4月に有人での月周回飛行が行われ、2027年半ば以降に有人月面着陸が行われる予定となっています。現状誰が月面着陸するかは未定ですが、その後のアルテミス計画のどこかで日本人宇宙飛行士2名が月面着陸することとなっています。

アルテミス計画は、月に行って地球に帰ることだけが目的ではありません。月、そして、Gatewayを軸として、人類の活動領域をさらに拡大することを目的とした計画となっています。

以上がアルテミス計画の紹介です。人類が月以遠に活動領域を広げる必要があるのか、それがビジネスになるのかについて、私自身も完全にビジネスが成立する道筋があると確信を持てているわけではありません。ただ、無謀にも思える人類のチャレンジは、ゴールのみならず、その過程で大きな技術変革、そして人類の成長をもたらしてきました。

次節以降では、イーロン・マスク氏の考えやスペースXの躍進を紹介したうえで、私が思う月以遠に活動領域を広げるメリットについてまとめます。

ALL ABOUT THE SPACE BUSINESS

2

イーロン・マスク氏が目指す人類の火星移住計画

2024年9月に、スペースXのイーロン・マスク氏はXで以下のような投稿を行いました。

「火星にロケットを打ち上げる次の最適なタイミングは2年後。この宇宙船は、火星に無傷で着陸する信頼性をテストするために、乗組員なしでの打ち上げを予定しており、着陸がうまくいけば、火星への最初の有人飛行は4年後になる。飛行回数はそこから指数関数的に上昇し、約20年後には自立した都市を建設することを目標としている。多惑星であることで、人類の意識や生命が絶滅するリスクが減り、その存続期間を長くすることができる」

この短い投稿からいくつかの重要なことがわかります。まず、あれだけ多くのロケットをスペースXが打ち上げているのにもかかわらず、ロケットの打ち上げが2年に1回ということです。なぜ2年に1回なのかと言うと、火星に何かを輸送する場合、火星と地球の位置関係から、2年ごとに最適（燃料最小）なタイミングが存在するからです。専門用語を使うとホーマン遷移軌道という軌道になります。

ただ、ホーマン軌道を利用する場合、片道だけで6～9カ月の時間がかかるため、4年後の飛行に人が乗るとなると、宇宙船でそれだけの期間を過ごすための装置や食料、水をどうするのかといった多くの課題も残されているように思います。この間、当然途中下車もできなければ、引き返して戻ることも容易ではありません。

余談ですが、2024年5月に、NASAが火星への移動時間を短縮できる可能性を秘めた、新たな推進システムの開発計画の詳細を発表しました。リリースによると、火星への有人ミッションを2カ月で完了できるようになることが目指されているようです。

また、イーロン・マスク氏は、20年後には火星に自立した都市の建設を目標としており、それは人類の種の生存のためと投稿しています。

もともとスペースXの創業のきっかけとなったのが、著名な映画監督のジェームズ・キャメロン氏も名を連ねる火星への探査及び植民を目的としたMars Societyという協会のパーティにイーロン・マスク氏が参加したことです。その後も火星探査に関わるプロジェクトについて議論し、宇宙における探査の重要性を把握するようになった結果、人類の火星移住を構想したことがスペースXの創業のきっかけになったと言われています。

つまり、イーロン・マスク氏にとって、本書で紹介したような通信衛星コンステレーションのスターリンクや、Falcon9、Starshipといったロケットの開発は、火星移住という最終ゴールに到達するまでの通過点です。

また、イーロン・マスク氏は、スペースXだけでなく、電気自動車の開発と販売を行うテスラのCEOでもあります。電気自動車の普及によって、地球の持続可能性を高めることを考えており、イーロン・マスク氏の頭の中には、人類の存続に寄与することに投資をし続けるという一貫した考えがあります。

あらためて、スペースXがこれまでにすでに成し遂げた偉業の数々を見ると、すべてが火星移住につながっていることに驚かされます。まず、ロケットは火星に行くための輸送手段であり、NASAのプログラムで有人宇宙船の開発も実現しました。スターリンクは資金を作る大きな事業となっているほか、宇宙空間における最先端の光通信技術の獲得にもつながっており、今後の火星ミッションにおける重要なピースを着実にそろえています。

火星移住という大きな目標を掲げたスペースXが、目標到達までにやるべきことを逆算して考えたうえであらゆる手段を用いてやるべきことを推進することで、人類の持つ宇宙技術が飛躍的に向上していることは疑う余地がないでしょう。

その結果、本書で紹介したように、スターリンクがこれまでインターネット環境が十分に行き届いていなかった地域に行き渡り、ロケットの輸送価格が下がることで最終的に宇宙技術を活用したサービス料金が安くなる可能性など、私たちの生活がより豊かになる好影響をもたらしています。

アポロ計画においても、コンピュータ技術の発展と、複雑な事象や変数が絡むプロジェクトのマネジメントを行うシステム工学の成長など、様々な副産物をもたらしました。

もしかしたら、現時点で月以遠に人類が進出することがビジネスになるかどうかを考えるというのはナンセンスであり、月以遠を目指すという目標そのものが人類が次のステップに進むために重要なのかもしれません。

ALL ABOUT THE SPACE BUSINESS

3

アルテミス計画や地球外移住で生まれる新たなビジネスチャンス

では、アルテミス計画や火星移住の計画が実際に推進されるために、どのような技術が今求められているのでしょうか。本節では、すでに技術開発が進んでいるものと合わせて、今後のビジネスチャンスとして考えられるものを紹介します。

まず、月面や火星への移動や物資の運搬を行うために、相応の大型ロケットが必要であり、物資を乗せた着陸船が安全に目的地に着陸するための技術が必要となります。

輸送手段であるロケットについては、アルテミス計画においてＮＡＳＡの新しい大型ロケットＳＬＳの開発が進んでおり、すでにアルテミス１号の打ち上げに成功しています。また、スペースＸは、火星移住を目指して大型の新型ロケットStarshipの開発を進めています。注目すべきは、Starshipの開発が進むなかで、コストの観点からＳＬＳロケットは本当に必要なのかといった議論がアメリカ内で生まれているほど、スペースXの技術開発速度が驚異的だということです。

また、月面に物資を安全に運ぶための月面着陸船については、複数の企業がすでに存在し、そのうちのリードランナーの1社が、２０２３年4月に日本で上場したispaceです。ispaceは、２０２２年12月に成功すれば民間企業初となる月面着陸船の打ち上げを行い、２０２３年4月にあと一歩で成功というところまでミッションを遂行しました。ispaceの次のミッションは２０２５年1月に打ち上げが成功し、4～5カ月後に月面着陸予定となっています。

２０２４年11月12日に公開されたispaceの最新の決算説明書を見ると、次のミッションでは総契約金額が約１６００万ドル、２０２６年に打ち上げ予定のミッションでは総契約金額が約５７００万ドルとなっていることが紹介されていました。さらにその先のミッションとしては２０２７年に6回目までのミッションを行う資金の確保が進んでいることも示されています。

ispaceの月面着陸船が今後どのような物資を月に運ぶ予定なのかに注目すると、月面で必要とされるビジネスとはどのようなものかがわかります。例えば、次のispaceのミッションで月面に輸送契約が締結されているものは「水電解装置」「藻類栽培装置」などです。

水電解装置とは、水を電気分解して水素と酸素を発生させる装置です。理科の授業で習ったことを覚えている方も多いと思います。宇宙空間で人が長期間暮らすために、酸素は欠かせません。ただし、酸素ボンベをそのまま宇宙に輸送することは危険を伴うため、ＩＳＳにおいても水を運んで電気分解することで酸素を生成しています。

同じように、月においても、水電解をすることで酸素を生成することが期待されているのですが、地球の6分の1という低重力下でも作動するのか、真空であっても装置の温度が一定の範囲に収まるのかといった、月の環境に対応した水電解装置が求められています。ちなみに、酸素と同時に発生する水素は、地球に戻るためのロケットなどの燃料として利用することが期待されています。

藻類栽培装置は、世界初となる月面環境での食料生産実験を目指し、観測機能をすべて搭載した自己完結型のモジュールで、将来の宇宙での食料生産に向けた実験を行う予定となっています。

このように、現在、月面に運ばれる装置の数々は、人が生きるための準備を行うものが多いことがわかります。月面のどこに水があるのか、また、人類が滞在できるのかを把握するための探査はすでに行われており、今後も継続的に行われる予定です。

他にも、人が月に滞在するとなると、住居が必要で、先に紹介したように宇宙服も必要となりますし、トヨタがＪＡＸＡと共同で開発するような人が効率的に移動するための車も必要になるでしょう。つまり、地球で人が暮らすために必要なものと、それらを提供するビジネスそのものが、月面においても必要になるということです。地球でビジネスを行うあらゆる産業の方に宇宙ビジネスに興味を持っていただくことで、宇宙空間がより暮らしやすい環境になることは間違いありません。

ALL ABOUT THE SPACE BUSINESS

4 ロボットと3Dプリント技術が宇宙ビジネスを加速させる？

地球のビジネスが宇宙に適用されると言っても、すぐに家や発電所といった人が暮らすために必要な設備が整備されるわけではありません。

また、地球と大きく異なるのは、月面にせよ、火星にせよ、宇宙空間は人間が住むには過酷な環境で、人間がふらっと訪れて気軽に暮らすことはできないということです。さらに、飛行機や船で必要な人数を数百人規模で月面に送るということも現状はできません。

そこで期待されているのが、宇宙用ロボットと３Ｄプリント技術です。

まず、宇宙用ロボットに取り組むリードランナーとしては、２０１６年に日本で創業したＧＩＴＡＩがあります。ＧＩＴＡＩは、２０２３年に本社をアメリカに移し、ＮＡＳＡやアメリカの国防に関わる研究機関ＤＡＲＰＡからも契約を受注するなど、世界的な注目企業となっています。

ＧＩＴＡＩが掲げるビジョンは「To provide a safe and affordable means of labor in Space（宇宙に安価で安全な作業手段を提供する）」です。この言葉の通り、宇宙用ロボットがあることで、命をおびやかすことなく、任意のミッションを月面や火星、宇宙ステーションなどで進めることが可能となります。

また、安全なだけではなく、安価であることも非常に重要です。生命維持装置が必要な人間が月面に行くよりもロボットが月面で活動をして、ミッションを遂行するほうがコスト削減につながります。アポロ計画がコスト削減の観点から道半ばで終わったということを繰り返さないためにも、本当に人がやるべき仕事は宇宙飛行士が行い、ロボットができることはロボットに任せるという役割分担ができることで、より持続的な宇宙開発が進められます。

３Ｄプリント技術は、住居建設や、太陽光パネルを製造するなど、こんなものまで？と思うようなものを製造する研究がすでに進んでいます。また、３Ｄプリントで物を製造するための素材も、月であればレゴリスと呼ばれる月の砂、火星についても火星の砂を用いる地産地消です。

本書で何度か出ている通り、宇宙ビジネスを行ううえで、輸送コストは非常に高く、できれば宇宙に物を持っていかずに月面や火星にあるものでインフラが整えられるというのが理想的です。そのためにも、月の砂や火星の砂の研究は、月面や火星で生活をするための基礎研究として非常に重要です。天体から地球へ試料（サンプル）を持ち帰る、サンプルリターンは大きな価値がある成果です。

また、宇宙用ロボット、３Ｄプリント、それぞれの技術が発展することは、地球で生活する私たちにとっても非常に大きな意義があります。例えば、災害時に人が安易に立ち入ることができなくなってしまった場所にロボットが立ち入り、人命救助を行うことができるようになるかもしれません。また、災害によって家が壊れてしまったとしても３Ｄプリント技術によって、現状の仮設住宅よりも快適な住居の設備が速やかに建設できる未来もありえるでしょう。

このように、宇宙ビジネスを通して生み出されたあらゆる技術は、地球の生活をより良いものとする可能性を秘めています。

ALL ABOUT THE SPACE BUSINESS

5 地球外に資源は眠っているのか？

本節では、月、火星以外にも、貴重な資源が眠ると期待される小惑星探査ビジネスについて紹介します。

まず、小惑星とは何かというと、太陽系にある天体のうち惑星や衛星、彗星などを除くもので、火星と木星の間に多く存在します。現在確認されている小惑星の数は１００万個以上とされています。

小惑星と言えば、ＪＡＸＡの小惑星探査機「はやぶさ」が、小惑星「イトカワ」に向かい、複数のトラブルを乗り越えながらも、地球にその物質を持ち帰ったというニュースを覚えている方も多いかもしれません。地球へのサンプルリターンが実現したのは２０１０年６

月13日のことで、世界初の偉業でした。

そして、はやぶさの後継機である「はやぶさ2」は、2020年12月6日に小惑星「リュウグウ」の試料が入ったカプセルを地球に送り届け、次のミッションへと向かいました。

小惑星を調べることによって、太陽系初期の情報がわかり、惑星の起源だけでなく地球の海の水の起源や生命の原材料の把握にもつながることが期待されています。現在もなお、はやぶさとはやぶさ2が持ち帰ったサンプルについては研究が行われており、2024年11月には、小惑星リュウグウの砂つぶから、微小な塩の結晶が発見されたといったニュースも出ていました。

このように、科学的探求という観点でも非常に興味をそそられる小惑星は、火星と木星の間にあるもので50万個以上あると言われていますが、近年はビジネスという観点でも注目が集まり始めています。

それは、小惑星には、地球では希少な鉱物や水といった資源が多く眠っていると考えられているからです。例えば、２０２３年にＮＡＳＡが打ち上げた小惑星探査機の目的地である小惑星「プシケ（16 Psyche）」は、最大部で直径約２８０ｋｍで、データに矛盾があると考えられているものの、岩石と金属の混合物でできており、金属が体積の30％から60％を占めている可能性が高いと考えられています。それだけの大きな金属の塊が宇宙に存在していると考えるだけでも宇宙の広さと壮大さを感じさせます。

そして、目を疑ってしまうような数字ですが、一説によると、地球上の価値で換算すると、プシケに眠る資源すべてを合計すると１０００京ドル（約15垓円）もの価値があると考えられています。京や垓という単位を使用するのは小惑星の話が最初で最後かもしれません。

もちろん、約２８０ｋｍもの大きさの小惑星を地球にそのまま持って帰るということはできない上に、小惑星に行くまでの移動費やサンプルリターンのための探査機も相応のものを開発する必要があるため、地球上の価値がそのまま売上になるわけではありません。

ただ、興味深いのは2023年に日本で行われた内閣府主催の宇宙ビジネスコンテスト「S-Booster」で最優秀賞を獲得したのがまさに小惑星探査に関わるものだったことです。小惑星は100万個以上確認されていると紹介しましたが、詳細な情報があるものは50個もありません。詳細を調べようとすると、そのたびに5～10年という期間がかかり、数百億円のコストがかかるため、小惑星の調査も一苦労です。

そこで、最優秀賞となったビジネスアイデアは、はやぶさのミッションで培った日本の技術を活かして、小惑星探査を高頻度で行い、かつコストは数億円にまで削減するというものでした。

今後、人類が宇宙空間をより広く利用したいと考える時代になったときに、小惑星の資源を有効活用するというアイデアがより現実味を帯びてくることは間違いないでしょう。

そのような未来を見据え、今は「どの小惑星にどのような資源があるのかを調査している」というのが2025年の小惑星ビジネスの現在地です。

ALL ABOUT THE SPACE BUSINESS

6

地球を隕石から守る、プラネタリーディフェンスの世界

突然ですが、地球に巨大な隕石が落ちてくると分かったとき、今の人類の技術で隕石の軌道を変えることが可能だと思いますか？

文部科学省の宇宙開発利用部会（第90回）の議題「プラネタリーディフェンスの取組みとアポフィス観測について」に掲載された隕石の衝突事例を紹介すると、最も有名なのは約６５５０万年前に約10ｋｍと推定される隕石が衝突し、恐竜を含む多くの生物種が絶滅したという事例でしょう。ちなみに直近だと２０１３年に約17ｍの隕石がロシアに衝突し、約１５００人がケガをしたという事例もありました。

約６５５０万年前であれば、ロケットの打ち上げ技術もなかったことは容易に想像できます。では、現在の人類の技術をもってすれば隕石の軌道を変えられるかと言うと、現在まさに検証中です。

小惑星や彗星のような天体衝突による災害を事前に防ぐための活動はプラネタリーディフェンスと呼ばれ、近年非常に研究が盛り上がっている分野です。

第6章で紹介した軌道上サービスは宇宙環境を守るサービスですが、プラネタリーディフェンスは、地球を守る研究です。

では、どのようにして隕石から地球を守ろうとしているのでしょうか。方法はいくつか考えられており、すでに検証が行われているのは、地球に衝突することが予測される天体に、探査機を衝突させて軌道を変えようという実験です。この実験はNASAが主導し、2022年に約160mの小惑星に探査機を衝突させました。その後、状態が変化したかについては、探査機を再度打ち上げ、2026年以降に観測することとなっています。ちなみに、2024年9月時点で、NASAは年間約300万ドルの予算をプラネタリーディフェンスのために確保しています。

そして、はやぶさ2がリュウグウから試料を地球に送り届けた後に行っているミッションもプラネタリーディフェンスを行うにあたって非常に重要な技術の実証です。ひとつは、2026年7月に、大きさが500m程度の小惑星に可能な限り接近して、相対速度5km／sで通過するというミッションです。この実証には高精度のナビゲーション技術が求められており、実証できれば、小さな小惑星に探査機を高速で衝突させることができる技術の獲得となります。また、２０３１年7月には、大きさが30ｍ程度の小惑星の探査を行うことになっています。大きさ30ｍの天体が地球に衝突する確率は１００年〜２００年に1度と推定されており、衝突による被害対策のために重要な情報を提供することになると期待されています。

地球に衝突しそうな小惑星に物体をぶつける方法はインパクトと呼ばれますが、インパクト以外にも、レーザーを照射する手法や、核エネルギーをぶつけるといった手法も選択肢として挙げられてはいます。しかし、実証事例があるのは、インパクトのみとなっています。

では、実際に地球に大規模な被害をもたらす規模の天体が地球に接近するのはどれほど近い未来なのでしょうか。実は、直径３４０ｍの小惑星「アポフィス」が２０２９年４月13日(金)に地表から約3万２０００ｋｍの距離にまで地球最接近すると予測されています。安心していただきたいのは、ぶつかることが予測されているわけではないということです。

ただ、これほどのサイズの天体が地球に接近するのは観測史上初めての現象となっており、地球潮汐力が及ぼす影響の観測と３００ｍクラスの小惑星の詳細な探査ができるチャンスとして、国際的に注目が高まっています。

ビジネスというよりは、人類の危機に地球一丸となって立ち向かわなければならない大きなチャレンジがプラネタリーディフェンスです。約6550万年前は、なすすべもなく運命を受け入れるという状態だったかもしれませんが、万が一の時に、人類の技術を持って、ある程度の大きさの隕石であれば1人でも多くの命を救えるかもしれないという希望を持てるのは非常にありがたいことだなと思います。

ALL ABOUT THE SPACE BUSINESS COLUMN

今できなくても、未来の誰かが実現する

今は実現不可能に思えても、未来の技術革新によって、「できたらいいな」が実現することがあります。

例えば、『モナ・リザ』や『最後の晩餐』といった絵画作品を描いたことで著名なレオナルド・ダ・ヴィンチは、科学的な探求を行ったことでも知られています。「空を飛びたい」という思いから、鳥が空を飛べる構造を理解して羽ばたき機を考案したり、ヘリコプターのような飛行器具のスケッチを残していました。レオナルド・ダ・ヴィンチが亡くなったのは1519年であり、当時は、人間が鳥のように空を飛ぶためには、その重さを支えるだけの力強く早い羽ばたきが必要であったり、ヘリコプターの原理で空を飛ぶためには、必要な回転を生み出すモーターの技術がなかったため、実際に空を飛ぶことは叶いませんでした。

ただ、結果はご存じの通り、ヘリコプターは実現し、原理は違いますが人間は

空を飛ぶ手段を手に入れ、当たり前のように飛行機に乗って旅行や出張をしています。そして、宇宙にまで行く技術を人類は手に入れました。

1957年のスプートニク・ショックから宇宙開発が本格的に始まったとするならば、宇宙開発の歴史は100年もありません。100年前の1925年の出来事を調べてみると、社団法人東京放送局（現在のNHK）がラジオ放送を開始した時期のようです。もしかしたら、その当時から遠く離れた土地に情報を送る技術を模索している人がいたかもしれません。今では、日本にいてもブラジルに住む人とオンラインビデオ会議が可能で、ほぼリアルタイムに情報の交換ができるようになりました。１００年あれば、時代は大きく変わります。

また、宇宙上に太陽光発電の装置を設置して、発電した電気をレーザーか電波に変えて地球に送信することで、地球の電力不足を補える可能性があるという宇宙太陽光発電システム（ＳＳＰＳ）というものがあります。構想自体は１９６８年に提唱されていたのですが、輸送にかかるコストとその送電方法の観点から実現可能性が直近までは懐疑的に見られていました。ただし、近年はスペースＸの技術をはじめとした輸送コストの常識が変わったことで経済的にも現実味を帯びてきたうえに、高度７０００mを飛ぶ航空機から送電する実証実験が２０２４年12月に成功。早ければ２０２５年度にも宇宙からの送電実験が行われる予定となっています。

繰り返しの紹介になりますが、ＳＦの父、ジュール・ヴェルヌ氏が残した「人間が想像できることは、人間が必ず実現できる」という言葉は、常に心に留めておきたいと思っています。

また、2024年に開催されたソフトバンク最大規模の法人向けイベント「SoftBank World 2024」では、ソフトバンクの孫正義会長は「10年以内に〝人間の叡智の1万倍〟の人工知能がやってくる」と話しました。技術開発のスピードはますます加速することでしょう。

そして、そのような世界になった先に、どのような宇宙空間を利用したビジネスが生まれるのか、私は想像できません。ただ、今は不可能に思える「できるといいな」は、必ず実現するものとして、多くの人が応援できる時代になることを願っています。

そして、今の世代が実現できなかったとしても、必ず次世代が実現してくれると信じ、私はメディアに関わる一員として、より良い情報を世界に残し続けることがワクワクする未来の世界作りに貢献できる一助になると信じて、今後も活動していきたいと思っています。

第9章

宇宙飛行士から学ぶ宇宙で働く人の世界

Chapter 9 :

The World of People Working in Space

ALL ABOUT THE SPACE BUSINESS

1

宇宙飛行士は人類の未来を担う科学の最先端に触れる仕事

本書の最終章では、宇宙ビジネス業界ではどのようなスキルや知識を持つ人が働き、どのような企業が活躍しているのか。また、今後どのような人・企業が活躍する可能性があるのかについて紹介します。

まずは、宇宙で働くといえば真っ先に思い浮かぶだろう宇宙飛行士について紹介します。みなさんは宇宙飛行士の仕事といえばと何を思い浮かべますか?

人類最初の宇宙飛行士であるユーリ・ガガーリン宇宙飛行士の仕事は、有人宇宙船に乗って、地球に帰還することでした。つまり、宇宙に行くことが仕事です。それが1961年のこと。その後、アメリカがソ連との宇宙開発競争の区切りともなったアポロ計画の目標は有人月面着陸であり、1969年に行われたアポロ11号では、月面に降り立つことが大きな仕事のひとつでした。

現在は、ＩＳＳに滞在し、第7章で紹介したような、宇宙空間を活用した創薬にもつながる実験や、ＩＳＳを活用した実験装置の設置、きぼうを利用したい企業からの依頼の遂行、ＩＳＳの修理などが宇宙飛行士の宇宙におけるメインの仕事になっています。

そして、日本では２０２１年に13年ぶりの宇宙飛行士の募集がありました。「宇宙飛行士に、転職だ。」というキャッチコピーとともに募集が行われ、転職という言葉に惹かれた方も多かったのではないでしょうか。実際に４０００名を超える応募が集まり、過去の最高応募者数である９６３名の4倍以上となりました。そして、２名の新たな宇宙飛行士候補者が２０２３年２月に選抜され、２０２４年10月21日付で宇宙飛行士として認定されました。

これからの宇宙飛行士は、宇宙空間における仕事場も物理的に広がり、国際宇宙ステーションだけではなく、アルテミス計画における月軌道ゲートウェイでの仕事や日本人初の月面着陸も期待されています。まさに新しい宇宙時代が始まろうとしています。

このように、宇宙飛行士の仕事は宇宙に行くということから、宇宙という特殊な空間を利用した実証実験の実働やその保守、そして、宇宙空間における人類の新たな科学技術の探索と活動領域の開拓……とどんどん拡大しています。

また、宇宙飛行士は、自らも骨粗しょう症の薬を飲むなど、新しい薬の被験者となっています。宇宙空間のような微小重力環境では、骨に負荷がかからず骨の中にあるカルシウムが溶け出してしまいます。この症状は、本来、地上で暮らしていれば何年もかかって緩やかに進行するものなのですが、宇宙では短期間に進行するそうで、骨粗しょう症や尿管結石は宇宙飛行士の職業病とも言われています。そのため、この症状を抑えるために骨粗しょう症の治療薬を宇宙飛行士が被験者となって実験することで、地上の骨粗しょう症の改善や尿管結石の予防法の発見につながると言われています。

このように、宇宙飛行士の宇宙での仕事は、人類の科学の進歩につながる最先端を走り続ける仕事とも言えます。さらには、第4章の冒頭でも紹介したように、地球をその目で直接見ることができることも宇宙飛行士の特権です。地球の変化に誰よりも危機感を持ち、科学の平和的で持続的な利用を誰よりも強く願っているのも宇宙飛行士なのかもしれません。

また、宇宙飛行士といっても、実際には、地上での活動時間のほうが圧倒的に多く、宇宙で活動する時間は限られています。宇宙に行っていない時間は訓練をしているというイメージを持たれている方も多いかもしれませんが、実際には、宇宙にいる宇宙飛行士を地上からサポートしたり、実験装置の開発やそのほか運用計画の立案に携わることも重要な仕事です。

ほかにも、講演会やイベントで、宇宙空間での活動や宇宙開発や宇宙ビジネスの重要性をわかりやすく普及するということも重要な仕事のひとつ。本書でも、宇宙開発と宇宙ビジネスの重要性についてはできる限りわかりやすく、興味を持っていただけるように書いておりますが、宇宙飛行士の生の言葉には、より一層引き込まれる力があります。ぜひ宇宙飛行士の言葉を聞くことができる機会があれば一度は参加してみてください。

ALL ABOUT THE SPACE BUSINESS

2

宇宙ビジネス時代に求められる人材

宇宙飛行士以外に宇宙ビジネスに関わる人とは、どのようなスキルや知識を持っている必要があるのでしょうか。

私は、あらゆる業界、業種、スキルを持つ人が宇宙ビジネスに関わる可能性を持っていると考えています。

もしかしたら、ロケットや衛星を開発するモノづくりができるエンジニアや衛星データを解析できるソフトウェアのエンジニアといった一部の限られた(天才的な知能を持つ)理系の人だけが働けるというイメージをお持ちの方もいらっしゃるかもしれません。

たしかに、宇宙開発時代は技術開発に長けた、限られた人が参加できる、門戸の狭い業界でした。しかし、今は宇宙ビジネスの時代です。技術開発に加えて、宇宙を活用した技術が誰かの役に立ち、お金を支払ってもらえるかが問われる時代となっています。

そのためには、技術開発を担うエンジニアだけでなく、その技術がお客様にとってどのような価値を生み出すかを考える事業開発や、より多くのお客様に価値を感じていただくために技術を理解して、わかりやすく伝えることができる営業やマーケティング、より良い契約はどのようなものかを考えデザインする法務、宇宙ビジネス時代に必要な人材を定義し、採用、定着、成長までをデザインする人事……と様々な人材が必要となります。

現在、宙畑では「Why Space」という非宇宙業界から宇宙業界に転職した方の取材を進めています。取材を経るごとに様々な方が宇宙ビジネスに飛び込む重要性が日々高まっていることを実感しています。

例えば、「Why Space」で取材した方を2名紹介します。

１人目は、サイバーエージェントの子会社で人事立ち上げからマネージャーまでを経験し、その後も人事のキャリアを歩まれた方です。現在は小型衛星開発における日本の宇宙ベンチャーのリードランナーであるアクセルスペースにCHROとして転職。採用だけではなく、労務、育成、制度設計、活性化……と社内の制度や採用フローをどんどんアップデートされたお話は非常に面白く、人事はクリエイティブな仕事であると印象に残ったインタビューでした。「そこまで構えなくてよかった」と宇宙業界に飛び込むことへの後日談を語っていただいたことも、これから宇宙業界に入りたいと考える方にとっては非常に心強いのではないかと思います。

2人目は、NTTコミュニケーションズで営業を担当して、社内の新規事業コンペで社長賞を取られた方です。現在は地上局のシェアリングサービスであるインフォステラに転職。ありがたいことに、宙畑の記事を読んで「地球をスキャンする技術がこれほど発展しているのか」と感じ、「今後宇宙ビジネスが盛り上がり、衛星通信のインフラが重要になる時代が必ず来る」という思いを持っていただいたそうです。転職について「これが自分が社会を前進させるための次のステップだ」と考え行動されたというエピソードは非常に熱いものがありました。

そして、これらの事例はほんの一部です。大手SIerで大企業向けの営業をされた方が衛星データプラットフォームTellusへ、自動車業界からインターステラテクノロジズや将来宇宙輸送システムといったロケット開発企業へ、クックパッドのソフトウェアエンジニアから衛星開発と運用を行うアークエッジ・スペースへ、リクルートキャリアで人事担当役員を務められた方が独立されて宇宙業界に特化した転職エージェントサービスを立ち上げるなど、様々なスキルと知識を持った方が宇宙ビジネスに参入し始めています。

そして、宇宙ビジネスの世界に飛び込むためには、難しい技術を理解していなければならないと考える方も多いかもしれませんが、実情としては、入社が決まってから学ばれている方がほとんどです。最近は宇宙ビジネス企業の中でも入社後の教育プログラムが体系化され、スムーズに業務にあたれるような整備も進んでいます。

むしろ私は非宇宙業界で活躍する方の視点や知識があることで、宇宙業界は真にビジネスの場として成長産業になるという確信を持っています。宇宙開発時代から宇宙ビジネス時代になっているとはいえ、研究開発の結果がすぐにビジネスにつながるわけではありません。

「『技術』と『ソリューション（お客様が望む解決策）』は別」と取材でTellusのビジネス開発を担当する方が話されていたことは、今の宇宙ビジネスの現状を表現する言葉として非常に印象的でした。

その取材からほどなくして、三井物産でキャリアを築き、宇宙商社Space BDを創業した永崎将利さんにインタビューの機会をいただきました。そこでは「良い契約を読み、書く力」と「誠実さ」の重要性を教えていただきました。いかに素晴らしい技術があったとしても、協業する企業やお客様とのＷｉｎ－Ｗｉｎな関係が築けなければ契約は成立せず前に進むことはできません。現在、Space BDは宇宙商社として、衛星の仕様や希望の打ち上げ時期・軌道にあわせて最適な輸送手段を調整する「ローンチサービス」やＩＳＳを活用することで宇宙での実証実験を短時間かつ低コストで実現する「船外施設利用サービス」を行っており、日本の宇宙産業に欠かせない企業となっています。

本書を読んでいただいている社会人の方にとって、ご自身のスキルや知識を宇宙ビジネスに活かせる場所が必ずあります。

そして、２０２５年１月14日、日本経済新聞の１面には「宇宙人材スキル可視化」という文字が大きく掲載されました。内閣府が今後の成長が期待できる宇宙開発分野の人材確保の支援として、エンジニアだけでなくプロジェクト管理者や事務系専門職までを含んだ、必要な能力を業務ごとにまとめた指標を2月中に策定するとのこと。宇宙業界で働きたいと考える多くの方にとって、キャリアの指針となることが期待されます。

これからも人類の知恵を結集させて技術開発が進み、そして、地球に住む私たちの生活が豊かになるのが宇宙ビジネスです。ひとりでも多くの方が宇宙ビジネスの世界に飛び込むきっかけの一助として本書が皆様のお役に立てますと幸いです。

ALL ABOUT THE SPACE BUSINESS

3 学生でも宇宙ビジネスに参加できる

これからの未来を担う、学生の方が本書を手に取っていただいているならば、本書を通して最もワクワクする宇宙ビジネスの分野や仕事は何かを考え、ぜひ宇宙ビジネスの世界に飛び込んでいただきたいです。

ロケット、衛星、探査機、そして、宇宙ステーションや宇宙用ロボットを開発したいといった方は工学部や理工学部に進んで、未来の宇宙機開発を担う知識を得て、技術を磨けるでしょう。現在、ロケット開発や衛星開発については、UNISEC（大学宇宙工学コンソーシアム）という様々な大学・高専学生が加入する宇宙関係団体があり、学生のうちからロケットや衛星の開発に携わる機会を得られる場となっています。

宙畑の立ち上げメンバーの中にもＵＮＩＳＥＣで宇宙開発を学び、大手電機メーカーや宇宙ベンチャーに就職して衛星開発に携わっていたメンバーがいますが、それはもはや学業の傍らでできるレベルを超えているのでは？　という濃厚な経験を学生時代にしています。

そして、先に紹介した通り、宇宙ビジネスの成長に必要な人材は理系に限りません（もはや文系・理系という分け方も実情にあっていないかもしれません）。宇宙ビジネス時代において、政治経済、法律、商業など、文系と分類される専門性を持つ方も非常に重要な役割を担います。

また、学業だけでなく、社会人として特定の業界に身を置いてキャリアを積んだ結果、宇宙ビジネスの世界に飛び込むチャンスが拓けることもあります。私自身、大学では法律を学びましたが、Ｗｅｂメディアの会社に就職したため、法律を活かす機会はほとんどありません。しかしながら、Ｗｅｂメディアの運営を行ううえで重要な編集スキルやライティングスキル、そして、どのようにすればより多くの方に情報を届けられるかといったメディア戦略の立案など、様々な知識とスキルを得ることができました。

その結果、宙畑のメディア運営を8年以上続けることができ、こうして書籍を執筆できるまで宇宙ビジネスに関わることができています。

ぜひ、理系でなければ宇宙ビジネスに関われないと思わず、自分は何が好きか、どういうスキルを身につけると人生100年時代を楽しく過ごせそうかを妄想しながら、宇宙ビジネスとの接点を見つけていただければと思います。

ちなみに、大学生が学んだ宇宙工学を実践できる団体としてUNISECを紹介しましたが、大学生のうちから宇宙開発や宇宙ビジネスに関わることができる団体は多く存在しています。

例えば、私が大学時代に所属していたTELSTARという中高生向けに宇宙開発や天文に関する情報をまとめたフリーマガジンを発刊する団体があります。TELSTARは、宙畑の創設者でもある城戸彩乃さんが学生時代に立ち上げた団体でもあり、宇宙の広報に興味がある方にはおすすめの団体です。団体には美大生も所属しており、デザインの力を実感する機会を学生時代に得られたことは、非常に貴重な体験でした。また、ＴＥＬＳＴＡＲの活動を通じて、学生の身でありながらＪＡＸＡや宇宙関連企業で活躍する様々な方と出会いお世話になりました。

また、宇宙開発フォーラム実行委員会（ＳＤＦ）という団体では、「文科系と理科系の融合」を目的として、参加型シンポジウム「宇宙開発フォーラム」を定期的に開催しています。ほかにも、「すべての産業を宇宙産業に進出させること」を目標として宇宙ビジネスシンポジウムを開催する未来宇宙産業フォーラムなど、宇宙に関する学生団体がどんどん立ち上がっています。

ちなみに、ＴＥＬＳＴＡＲは宇宙ビジネスメディア「宙畑」をオープンすることになった大きなきっかけのひとつです。中高生向けに宇宙開発の魅力や最新情報を届けることで、宇宙開発に興味を持ち、未来を担う人材がどんどん生まれるきっかけになることがひとつの目標だったのですが、宙畑をオープンする以前は、まだまだ宇宙開発時代の側面が色濃く、宇宙ビジネスに携わることができる人はほんの一握りでした。また、多くの宇宙ビジネスの情報を手に入れるためには英語の文献やニュースを読む必要があり「宇宙ビジネスの情報が日本は数年遅れている」と言われ、悔しい思いをすることもありました。

そのような背景から「日本の宇宙産業を基幹産業にする」と立ち上がったメディアが宙畑です。海外のニュースで重要なものは日本語で届けたり、宇宙ビジネスに関わりたいなと思う方がハードルを感じずにスムーズに関われるよう、宇宙ビジネスに関する基礎情報のまとめ記事を出していました。

そして、現在は宙畑以外にも日本ではUchuBizやSPACE Media、SPACE CONNECTといった宇宙ビジネスを扱うメディアや「佐々木亮の宇宙ばなし」といったポッドキャスト、ロケットの打ち上げを中心とした実況・解説を行うVtuberの宇推くりあさん、東京海上日動による宇宙メディア「SpaceMate」など、宇宙ビジネスに関する情報が日本でも多く流通するようになりました。宙畑立ち上げ初期と比較すると、格段に宇宙ビジネスを学べる場所や機会が増えているように思います。

私の場合は、学生時代の活動が回りまわって、今の活動にもつながっています。ぜひ本書を読んで宇宙ビジネスに興味を持っていただいた方は、これだ！　と思う活動に参加してみてください。

これだ！　と思う学生団体がなければ、立ち上げてみるというのも一つの手かもしれません。今は学生起業で面白い宇宙ベンチャーが現れ始めている時代でもあります。

東京大学の公共政策大学院経済政策コースに在籍しながらOrganic AIを創業した福田さんは「自分の世代のやるべきことは、情報空間と物理空間を融合させること」と、若くして自分がやるべきと思えることを見つけ、起業されていました。学生団体ではなく、学生起業を選ぶことで、大変なことが増えることは間違いありませんが、扱えるお金の規模や、物事を推進するスピードは圧倒的に早くなります。Organic AIのインタビューは、宇宙業界の未来を支える若い芽は確実に育っているなと実感した、非常にうれしい時間でした。

ALL ABOUT THE SPACE BUSINESS

4 宇宙ビジネスは国数英社理の総合格闘技

第2節では、社会人の方に向けて宇宙ビジネスに関わる可能性を、第3節では、主に学生の方に向けて宇宙ビジネスに関わるまでの参考情報を紹介しました。

そして、本節は現在小学校や中学校、そして高校に通うお子さんを育てられている方にぜひ読んでいただきたい内容となっています。

私は、編集者として宇宙ビジネスの世界を学び始めて今年で8年目となっていますが「あの時、もっと真剣に学んでおけばよかった！」と毎年のように思います。

例えば、高校数学で習うことを例に挙げると、標高データを用いて、日本国内で富士山が見える場所や種子島から打ち上がるロケットが見える場所を探すという記事を書く際に、三角関数を用いました。微分は、第4章で紹介した小麦と違法薬物の栽培を見分ける分析の際に用いられています。ｉを二乗したらマイナスになる虚数については、電波を扱ううえでは理解していなければスタートラインにも立てません。

また、光の三原色や光の速さが秒速30万ｋｍであること、重力や衛星の速度を加味した軌道の計算など、宇宙開発を理解するにあたり、物理の基本を知っていることは非常に重要です。私は高校で物理を学ばず、天体が好きだという理由で地学を選択していたので、取材の際に非常に苦労しました。アストロスケールの上場記者会見の際に、アストロスケール創業者兼ＣＥＯの岡田光信さんにお話をうかがった際、ロマンだけではなく、「物理学を駆使して事業を進めています」と話されていたことが非常に印象に残っています。

もしも、理科や数学に苦手意識を持つお子さんがいて「何の意味があるの？」と問われたら、宇宙ビジネスやそのほか社会を動かす様々な仕組みがこれらの知識が土台となって動いていることを伝えてあげてください。

そして、国語、英語、社会といった教科も宇宙ビジネスにつながっています。

国語については、文章力や読解力を高める教科であり、宇宙業界に限らず、あらゆる業界で働くうえで非常に重要です。

また、宇宙業界は日本国内のみで完結することはなく、グローバルで競争し、共創することが当たり前の産業です。その点、英語の読み書きができて、会話ができることは、宇宙業界で働くうえで非常に重要なスキルとなっています。「宇宙エバンジェリスト」として宇宙ビジネスを推進するため、海外各国を飛び回り、Space Port Japanの理事を務められるなど、様々な場所で活動されている青木英剛さんは、開成中学校で宇宙ビジネスの授業の講師もやっており、使用している言語は英語とのこと。今の中学生がどのような宇宙ビジネスを考案し、将来の宇宙起業家となるのか、非常に楽しみです。

最後に、社会についてはどのように宇宙ビジネスと関わりがあるのか、ピンとこない方も多いかもしれません。例えば、政治の分野では、アメリカとソ連の宇宙開発競争で顕著に現れた通り、宇宙開発と国の政治や国家間の競争は非常に密接な関係にあります。また、宇宙技術が経済に与える影響は計り知れません。それらの歴史的な背景を把握しておくことも、国際協力やグローバルな事業推進を行ううえで欠かせない知識となっています。また、地理の知識も非常に重要です。２０２２年、高校「地理総合」が必履修化しました。どのような地域で、どのような課題を解決する必要があるのかを知ることは、宇宙技術を適用でき、ビジネスチャンスがある地域を知ることにもつながります。

このように、高校教育までに学ぶあらゆる物事が宇宙ビジネスとつながっています。私自身、テストのための勉強と思って、暗記をしてテストに臨んだことや、何の意味があるのかわからないと思って理解することを諦めることがありました。しかし、その結果として、大人になったら忘れてしまい、「あの時もっと真剣に学んでおけばよかった」と後悔することが多くあります。

ぜひ、高校教育までに学ぶことは、人生１００年時代、残りの80年以上もの自分の人生で役に立つと考えて学び続けていただければと思います。そして、本書を読んだ学生の方、もしくは、親が読んでいたという方と宇宙ビジネスの場で会う日が来ることを願っています。

ALL ABOUT THE SPACE BUSINESS

5

「宇宙に関係ない」企業こそ日本の宇宙産業を強くする

宇宙ビジネスの世界に飛び込んでほしいのは「人」だけではありません。様々な技術を持つ、これまで宇宙開発に関わってこなかった「企業」にもぜひ参入していただきたいです。

象徴的な事例として、高砂電気工業を紹介します。同社は、自動車の排気ガス分析装置で、グローバルでも80％以上のシェアを持ち、血液分析装置でも大きなシェアを持っています。そして、血液分析装置のバルブ開発技術が、ロケットや衛星用の部品の開発につながりました。

まず、血液分析装置とは何かというと、健康診断で採取した血を小分けにして反応試薬を入れ、血糖値やコレステロール値といった様々な分析を行う際に利用されるものです。

そして、小分けにする際に少量の血液を吸い取って落とすことを繰り返す必要があるのですが、吸い取り・落とす作業にバルブが利用されています。蛇口をちょっと捻って水を出して、閉めて水を止めて、という作業を人力でやると1分間に数回〜十数回しかできないところ、バルブを利用すると精密に、しかも超高速で行えるようになります。

このような技術は、ロケットや人工衛星における推進システムでも必要で、燃料を止めたり出したりするバルブの開発につながりました。実際にイプシロンロケットや海外の人工衛星用推進器を開発するメーカー企業に高砂電気工業はバルブを納品しています。

高砂電気工業の浅井社長が話されていた言葉も非常に印象的だったので、本書でも紹介させてください。

「我々は航空分野への挑戦はやっていたけれど、宇宙って全然異次元で、関係のない分野だと思っていました。それを『高砂電気工業さん、宇宙やらないんですか？』って声を掛けていただいた方がいました。あの一言がなかったら、僕らはいまだに宇宙への挑戦を始めていなかったかもしれません。

それに助成金がなかったら、スラスタシステムへの挑戦もあり得なかった。売れる見込みが不透明というなかで、中小企業ではできないですよ。国の物心両面の支援があって、僕らみたいな企業が出て来ることができるし、後続の企業さんたちもきっと同じ思いでしょう」

おそらく、多くの企業にとって、宇宙ビジネスに関わるチャンスがあると思う機会そのものが圧倒的に少ないという現状があります。そのような背景もあって、ＪＡＸＡの新事業促進部では共創型研究開発プログラム「宇宙イノベーションパートナーシップ（Ｊ－ＳＰＡＲＣ）」を２０１８年5月に開始。開始以降、３００件以上の問い合わせがあり、２０２３年度末時点で累計11件が事業化まで達成しています。

また、冒頭で紹介した宇宙戦略基金は、まさにこれから宇宙ビジネスに関わりたいと考える企業にとってその足掛かりとなる絶好のチャンスです。

すでに基金で設定された1兆円のうち、３０００億円の技術開発テーマが公募され、採択企業が決まりました。今後、残り７０００億円分の技術開発テーマが決まり、公募が出される予定となっています。ぜひ、自社の技術が活かせるテーマがないか、注目いただけますと幸いです。もし、どのテーマで自社の技術が活かせるかわからないという方がいらっしゃいましたら、私や宙畑までお問い合わせください。これから宇宙ビジネスに関わりたい！　という企業さまからのお問い合わせ、お待ちしています。

ALL ABOUT THE SPACE BUSINESS

6

非宇宙産業の課題とアイデアが宇宙ビジネス成長のカギ

宇宙ビジネスにまだ関わっていない企業の参入が求められているのは、その企業が保有する技術力だけが理由ではありません。実は、宇宙ビジネスが成長するか否かは、宇宙ビジネスに現在関わっていない企業にかかっています。

本書で紹介した通り、宇宙ビジネスの市場規模の7割は人工衛星の利用に関わるもの。そして、人工衛星を活用したサービスを利用するのは、ロケットや衛星開発を行う宇宙開発時代の企業ではありません。宇宙ビジネスのお客様となるのは、宇宙産業以外の一次産業、二次産業、三次産業といった様々な産業、そして国や地方自治体です。

つまり、宇宙ビジネスがより利用されるためには、他産業がどのようなサービスを利用したいかのニーズや課題を知り、その解決策の創出を続ける必要があります。

その点、自社の事業に人工衛星によってもたらされるサービスを利用できると認知している企業は多くありません。一部の企業が「衛星データを使えるかも」「測位情報を使えるかも」「宇宙空間を使えるかも」と気づき、実証し、うまくいったものが事業に組み込まれ始めているというのが現状です。

そのため、宇宙戦略基金では宇宙技術を利用したいという企業が実証を行うための技術開発テーマの公募が出されています。第４章でも紹介した、２０２４年の第１期の技術開発テーマ「衛星データ利用システム海外実証（フィージビリティスタディ）」もそのひとつです。今後も様々な企業が宇宙技術を利用するための支援が増えることが期待されます。

とはいえ、宇宙技術を使えるかもしれない、宇宙ビジネスに参入したいと思っても、まず何から始めたら良いかわからないという方も多いかもしれません。

本書の最後に、宇宙ビジネス参入のヒントを得られる入口をいくつか紹介します。

まずは、手前味噌で恐縮ですが、宙畑を読んでみてください。宙畑には、本書で紹介した内容から少しだけ踏み込んだ宇宙技術の詳細や、実際に宇宙企業で活躍されている方々のインタビュー、宇宙技術を活用したサービスの利用事例など、宇宙ビジネスに関わるヒントを詰め込んだ記事を２０００本以上公開しています。読んでみて、わからないことがあればいつでも宙畑にお問い合わせください。

また、日本では宇宙ビジネスに関する情報を一挙に得られるカンファレンスやイベントが定期的に開催されています。例えば、SPACETIDEは、２０２５年で10周年を迎えるアジア太平洋地域最大級の国際宇宙ビジネスカンファレンスです。２０２５年の開催日はすでに決まっており、２０２５年７月７日～７月10日（木）で、過去最大規模となる35以上の国・地域から１８００名が集う予定とのこと。世界の宇宙ビジネスの今を日本にいながら得られるのは非常に貴重な機会です。

ほかにも、２０２５年７月30日～８月１日に開催されるＳＰＥＸＡや２０２５年10月27日～10月31日に開催されるNIHONBASHI SPACE WEEKなど、日本にいながら宇宙ビジネスに関わる企業と直接会って話せるイベントが多く開催されています。

ちなみに、NIHONBASHI SPACE WEEKを主催する一般社団法人クロスユーは、宇宙ビジネス共創プラットフォームとして、定期的に宇宙ビジネスについて学び、関係者と交流できるイベントを開催しています。理事長を務められているのは、日本の宇宙開発を牽引する東京大学大学院工学系研究科の中須賀真一教授で「非宇宙企業と宇宙産業をつなぎ、新しい可能性にチャレンジする」ことを非常に大事にされています。２０２４年は計３１１回ものイベントがクロスユーが保有する拠点で開催されたそうなので、もし宇宙ビジネスに少しでも興味がある企業の方がいらっしゃれば、クロスユーのＨＰから目ぼしいイベントを見つけてまずは参加してみるということもおすすめです。

もしも海外に出張も可能だという方がいらっしゃれば、海外のカンファレンスに参加するというのも非常におすすめです。私はＩＡＣが初めて海外で開催されている宇宙カンファレンスの参加だったのですが、その規模と集まる宇宙関係者の数に驚かされました。

また、宇宙ビジネスや宇宙開発に携わることができるコミュニティに個人で参加するというのもおすすめです。

例えば、ＡＢＬａｂ（エイビーラボ）という２０１８年に生まれた宇宙ビジネスの実践コミュニティがあります。ＡＢＬａｂからは本書でも紹介したSpace Medical Acceleratorや宇宙開発のインフラを構築するＪＡＸＡ認定ベンチャーであるＳＥＥＳＥを輩出しており、宇宙ビジネスを検討・挑戦する人や企業を支援する非営利法人として、素晴らしい実績を上げ続けています。

実際に衛星開発に携わりたいという方には、リーマンサット・プロジェクトもおすすめです。リーマンとは「サラリーマン」という言葉に由来しており、始まりのきっかけは新橋の居酒屋で「自分たちで、宇宙開発やりたいよね」と宇宙好きなサラリーマンが仕事終わりに飲んでいたときの一言なのだそう。すでに超小型人工衛星を２回打ち上げており、２０２５年度には３機目となる超小型衛星を打ち上げ予定となっています。

また、宇宙で活躍する女性中心のコミュニティ「コスモ女子」も非常にユニークです。２０２４年８月には同コミュニティから発足した団体が開発した人工衛星の打ち上げがあったほか、定期的に宇宙ビジネスについて学べるイベントも開催されています。

ちなみに、宙畑を立ち上げたメンバーで共同創業したsorano meでは、ソラノメイトという副業で宇宙ビジネスに携わることができるコミュニティを持っており、現在80名を超えるメンバーに活躍いただいています。宙畑の記事執筆や宇宙ビジネスに関するレポートの作成、イベントの企画・運営などで活躍いただいています。メンバーには農業、航空、ＡＩ、キャリアなど様々な業界の方に所属いただいており、私自身、ソラノメイトの皆様から宇宙ビジネス以外の学びを多くいただいています。

そして、「ソラノメイト」に所属する有志数名は、衛星データを活用した自然環境の解析事業、カーボンクレジットのモニタリング解析事業を行うArchedaを起業し、週刊東洋経済「すごいベンチャー１００」２０２４年最新版に選出されるといった実績も生まれています。

このように、宇宙ビジネスに関わる機会は10年前と比較すると非常に多く存在します。ぜひ、気になるものがあれば、躊躇することなく、まずは足を運んでみてください。

本書で紹介した他産業が宇宙ビジネスへの参入可能性について、参入したい！　と考えた方は、ぜひ、年々強化されている補助金の制度や宇宙関係企業、ＪＡＸＡや大学などの研究機関との連携ができる仕組みを活用していただければと思います。宇宙産業は他産業からの企業の参入を非常に心待ちにしています。私は、宇宙産業を手段として他産業の成長に寄与することこそが、宇宙ビジネスの真の姿だと考えています。

ALL ABOUT THE SPACE BUSINESS COLUMN

「宇宙ビジネス」という言葉はなくなる時代が来る

宇宙産業を手段として他産業の成長に寄与することこそが、宇宙ビジネスの真の姿と表現したことについて、これは本当にそう思っています。そして、その真の姿が実現したあかつきには「宇宙ビジネス」という言葉はなくなると思っています。

宇宙ビジネスは本書で紹介したように、現時点で地球外の宇宙空間だけで経済が回っているわけではありません。地上で宇宙技術を使いたいと考える人がいて初めて多くの事業が生まれるビジネスです。

そして、そのお客様は多岐に渡ります。日本であれば国土交通省や農林水産省、気象庁といった行政機関に加えて、農業、鉱業、金融業、食品産業といった様々な産業の企業、そして、個人でさえも宇宙技術が活かされたサービスの利用者となっています。

宙畑はサイト立ち上げ初期に「宇宙ビジネス」と誰かが検索したら一番最初に出てくる記事を作ろうと考えて、宇宙ビジネスの業界マップを作成しました。おかげさまで「宇宙ビジネス」と検索すると一番に出てくるサイトとなりました。

ただ、最近は「宇宙ビジネス」という言葉だけではなく「Starlink」や「宇宙旅行」といった宇宙ビジネスの中でも、サービス名や宇宙技術をどのように使いたいかを知りたい検索数が徐々に増えていることを実感しています。そして、このトレンドは今後も続き、宇宙を使って何をしたいのかが具体的になっていくことが予想されます。

個人的な思いとしては「少子高齢化　農業」「自動運転」「見回り　コスト削減」「気候変動　対策」など、宇宙に関係する言葉がキーワードになくとも、その課題を解決する手段として宇宙技術が当たり前のように提案されるような時代となることが理想的な状態と考えています。実際に宙畑では、そのような時代が来ることを願い「一次産業」「少子高齢化」といった今後の日本における課題としてより顕在化するだろうキーワードを調べたら宙畑の記事と宇宙技術を活用した解決策の紹介ができるように、記事の企画をしています。今後、そのような記事が宙畑に限らず、ビジネス専門媒体や農業専門媒体など、様々なメディアで増えることを願っています。

そして、「All About the 宇宙ビジネス」という名のついた本書では、宇宙ビジネスを9つの章に分け、各章それぞれで宇宙ビジネスの重要な要素を紹介しました。読者の皆様におきましては、今後、宇宙技術を使いたいと考えたときの道しるべとしても本書を活用いただけますと幸いです。

おわりに

私が最初に宇宙に興味を持ったきっかけは、家族旅行で訪れた、南阿蘇にあるルナ天文台という巨大望遠鏡を備える宿泊施設でした。望遠鏡が向いている先は、肉眼では何も見えない暗い夜空だったのですが、望遠鏡を覗くとキラキラとした星がたくさん輝いていました。何を見せてもらったのかはほとんど覚えていないのですが、かすかな記憶をたどるとあれは散開星団だったのではないかと思います。

翌朝、お土産コーナーに行くと、アンドロメダ銀河やばら星雲の写真がプリントされたキーホルダーがあり「宇宙はこんなにもきれいな世界が溢れているのか！」と宇宙という肉眼では見えない未知の世界に強く引き込まれたことを覚えています。

ただ、その後は宇宙を研究したいという思いまでは湧かず、仕事にするというイメージもないなか、東京の大学に進学することになりました。学部は法学部なので、いわゆる文系です。

しかし、宇宙に興味はあったので、当時流行していたmixiというＳＮＳで『宇宙兄弟』や『プラネテス』といった宇宙に関係する漫画が好きな人が集まるコミュニティに参加していたことが、今の仕事につながる転機となりました。ＪＡＸＡの相模原キャンパスで再利用ロケットの研究をしているマイミクから、1年に1回開催される特別公開で展示をするからぜひ来てという連絡をもらい、相模原まで遠出をすることに。

当時の私は、ＪＡＸＡがどのような研究を行っているかを把握しておらず、星の研究やロケットの研究ばかりが並んでいることを想像していました。しかし、そこには宇宙に太陽光発電所を設置して、発電した電気をレーザーか電波に変えて地球に送信することで、地球の電力不足を補える可能性があるという宇宙太陽光発電の展示がありました。

「宇宙を見る、宇宙に行く」というイメージから、「宇宙を使って地球に役に立つ」という、宇宙開発の認識が大きく変わった瞬間でした。それは太陽が動いているのではなく、地球が動いているのであるという、まさに私にとってはコペルニクス的転回とも言える衝撃的な出来事でした。

そして、私は、宇宙が嫌いという人に出会ったことがありません。これは、天文学が発展したことで、宇宙の壮大で、美しい姿や法則が明らかになった結果、人を惹きつける不思議な力が徐々に生まれたのではないかと勝手に妄想しています。また、天文学があったからこそ、ニュートンは、現代社会のあらゆる事象を考えるうえで欠かせない万有引力の法則を発見することができました。

一方で、宇宙ビジネスは地球に住む私たちに関わりがある産業なのですが、その内容を知る機会は多くありません。大人になるにつれ、私もそうだったように、宇宙が学問や仕事につながるという思いが薄れてしまうようにも思います。

本書では、できる限り宇宙ビジネスと私たちの生活の関わりを、専門用語を用いずに紹介することを心掛けて執筆しました。この本を手に取っていただいた皆様にとって、宇宙ビジネスがより身近なものとして考えられる一助となっていましたら幸いです。

そして、本書を読んでいただいた方が、宇宙ビジネスを一緒に盛り上げる一員として、一緒に楽しみな未来を描き、創造する仲間となっていただけたらそれ以上に嬉しいことはありません。

謝辞

本書の執筆は、これまで宙畑でインタビューの機会やお話の機会をいただいた多くの方との出会いがあったからこそ実現できました。

宙畑は、この本が出版された２０２５年2月でちょうど8周年となります。最初はメンバー全員が本業の傍ら、放課後活動的に進めていた、毎月訪れていただく読者数も１万人をようやく超えるくらいの小さなメディアでした。そんなメディアを見つけていただいたのが、衛星データプラットフォーム「Tellus」を経済産業省からの委託事業として開発運用することが決まったさくらインターネットの共同創業者・フェローで、Tellusの立ち上げ担当である小笠原治さんです。

宙畑は、２０１８年12月にTellusのオウンドメディアとしてリニューアルすることとなり、今もなお「日本の宇宙産業を基幹産業にする」という当初掲げたミッションはそのまま、「衛星データの民主化」というミッションを新たに加えて運営しています。

オウンドメディアになったことで、様々な有識者の方や著名人の取材ができるようになり、表現したい宇宙ビジネスの世界をデザインに落とし込むための予算と時間も、手弁当で作っていた時代から格段に増えました。

小笠原さんをはじめ、現在Tellusの代表取締役社長である山﨑秀人さん、Tellusの立ち上げから約5年以上にわたってPRリーダーとして宙畑を育てていただいた竹林正豊さん、今もTellusのPRチームで一緒に宙畑を運営する菅谷智洋さん、由井文さん、この場を借りて御礼申し上げます。

また、私自身はロケットや衛星を開発したこともなければ、宇宙工学を大学で学んだわけでもありません。「宇宙産業を日本の基幹産業にする」という大きな旗を立て、関わるメンバーが一丸となって向かうゴールを設定し、宙畑を創設すると決めた城戸彩乃さん、宙畑立ち上げ初期から技術的な内容について踏み込んだアドバイスをいただいたり、どのような記事を宙畑で公開するべきか一緒に頭をひねり続けている牟田梓さんや田中康平さん、そして、宙畑が衛星データについて学ぶうえで、当時はRESTECに在籍されていた向井田明さん（現 Oppofields COO）、永野嗣人さん（現 AWS Aerospace & Satellite

日本リード）には大変お世話になりました。いつもお世話になっているライター、カメラマン、デザイナーの皆様にも、この場を借りて感謝申し上げます。

また、本書の執筆が決まってからも多くの方に取材やご相談の機会をいただきました。

宇宙技術の利用については、準天頂衛星システム戦略室の室長を務められる内閣府宇宙開発戦略推進事務局の三上建治参事官と、同じく宇宙開発戦略推進事務局で地球観測衛星のデータ利活用を推進される吉田邦伸参事官にお話をうかがう機会をいただきました。日本政府として、宇宙技術の発展に多くの支援を行っている今、宇宙技術が国民の生活により利用されるように尽力され、その結果を伝えたいと考えるお二人の言葉は、非常に力強く、本書を執筆するうえでの大きな励みとなりました。

さらに、本書の執筆にあたり、SPACETIDEの藤原寛朗さんにも、内容のご相談や技術的な視点でのアドバイスをいただきました。

そして、本書の執筆は、これまで宙畑でお話をうかがった皆様のお話を思い出し、今の取り組みをあらためて把握する良い機会となりました。最前線で活躍する企業の活動や、今まさに行動している宇宙ビジネスに携わる一人ひとりの思いがあってこそ、宙畑はその媒介者や触媒としてどのように動くべきかを考え、情報の発信ができているということをあらためて認識することができました。宙畑に関わっていただいている皆様、本当にありがとうございます。本書を通して、皆様の生の声や思いを、一人でも多くの読者の方に届けることができていれば幸いです。

引き続き、宇宙ビジネスがより良い形で発展する一助として、今後も活動をしてまいりたいと思います。

また、メディアの作り方をイチから学び、宙畑のような宇宙ビジネスメディアを運営できているのは、今も在籍する株式会社オールアバウトでの経験があってこそです。本書が「All About The 宇宙ビジネス」だったことにも、非常に運命のようなものを感じています。このような機会をいただいたクロスメディアグループ株式会社の皆様にも感謝申し上げます。

参考資料

・ＮＡＳＡ：https://www.nasa.gov/
・ＪＡＸＡ：https://www.jaxa.jp/
・ＪＡＸＡ 新事業促進部「THINK SPACE LIFE」：https://aerospacebiz.jaxa.jp/solution/j-sparc/projects/think-space-life/
・内閣府「宇宙政策」：https://www8.cao.go.jp/space/index.html
・みちびき（準天頂衛星システム：ＱＺＳＳ）公式サイト：https://qzss.go.jp/
・宇宙戦略基金：https://fund.jaxa.jp/
・文部科学省：https://www.mext.go.jp/
・経済産業省：https://www.meti.go.jp/
・農林水産省：https://www.maff.go.jp/
・国土交通省：https://www.mlit.go.jp/
・環境省：https://www.env.go.jp/
・総務省：https://www.soumu.go.jp/
・防衛省・自衛隊：https://www.mod.go.jp/
・ispace：https://ispace-inc.com/jpn/
・アストロスケール：https://astroscale.com/ja/
・月面産業ビジョン協議会：https://www.lunarindustryvision.org/
・一般社団法人 宇宙旅客輸送推進協議会：https://spaceliner.jp/

・ＰＤエアロスペース：https://pdas.co.jp/
・World Economic Forum「Space: The $1.8 Trillion Opportunity for Global Economic Growth」：https://www3.weforum.org/docs/WEF_Space_2024.pdf
・藤本敦也、宮本道人、関根秀真編著『ＳＦ思考 ビジネスと自分の未来を考えるスキル』、ダイヤモンド社、２０２１年
・鈴木一人『宇宙開発と国際政治』、岩波書店、２０１１年
・小坂康之、林公代『さばの缶づめ、宇宙へいく』、イースト・プレス、２０２２年
・青木節子『中国が宇宙を支配する日～宇宙安保の現代史』、新潮社、２０２１年
・Bloomberg「マスク氏のスペースX、24年売上高２・３兆円の見通し―スターリンク好調」：https://www.bloomberg.co.jp/news/articles/2023-11-07/S3Q595T1UM0W01
・地球観測衛星データサイト「人文社会学での地球観測衛星データ利用（第２回）」：https://earth.jaxa.jp/ja/earthview/2024/01/15/7915/index.html

本書のもととなった宙畑の公開記事一覧